轻松学
Python
爬虫、游戏与架站

王春艳　编著

清华大学出版社

北京

内 容 简 介

本书以 Python 3.6 为蓝本，以图文并茂的方式深入浅出地引导读者学习 Python 开发技术，主要内容包括 Python 基础、Python 数据结构、Python 模块、文件读写、异常处理、MySQL 数据库操作、爬虫开发、游戏编程、Django 架站等。全书提供了爬虫、游戏和 Django 开发项目，让读者在掌握实用开发技能的同时能够自己动手开发实际应用。

本书配合有趣的手绘图教学，讲解生动，实例丰富，易于掌握，同时提供学习本书的 Python 视频课程，特别适合刚刚接触编程的新手或者转型到 Python 开发的人员使用。

图书在版编目（CIP）数据

Python 轻松学:爬虫、游戏与架站/王春艳编著. —北京：清华大学出版社，2019
ISBN 978-7-302-52290-4

Ⅰ．①P… Ⅱ．①王… Ⅲ．①软件工具－程序设计 Ⅳ．①TP311.561

中国版本图书馆 CIP 数据核字（2019）第 025802 号

责任编辑：王金柱
封面设计：王　翔
责任校对：闫秀华
责任印制：杨　艳

出版发行：清华大学出版社
网　　　址：http://www.tup.com.cn，http://www.wqbook.com
地　　　址：北京清华大学学研大厦 A 座　　　　　　邮　　编：100084
社 总 机：010-62770175　　　　　　　　　　　　　邮　　购：010-62786544
投稿与读者服务：010-62776969，c-service@tup.tsinghua.edu.cn
质 量 反 馈：010-62772015，zhiliang@tup.tsinghua.edu.cn

印 装 者：北京密云胶印厂
经　　销：全国新华书店
开　　本：180mm×230mm　　　　　印　张：15.75　　　　　字　数：307 千字
版　　次：2019 年 4 月第 1 版　　　　　　　　　　　印　次：2019 年 4 月第 1 次印刷
定　　价：59.00 元

产品编号：079483-01

前 言

随着人工智能、大数据技术的快速应用落地，Python 从众多编程语言中脱颖而出，凭借着简洁易学的语法，段位直线上升。现如今，无论是少儿、大学生还是庞大的在职群体，掌握 Python 几乎已成为全民学习的必选项。各大企业对于 Python 工程师的需求也是水涨船高，比如数据分析师、算法工程师、物联网开发、网站后端开发等岗位都对精通 Python 编程的开发人员亲睐有加。

本书顺应时势，以 Python 3.6 为蓝本，从零开始结合 Python 热点项目应用和生动有趣的手绘图，讲解 Python 编程的各种知识和开发技术，以帮助读者快速学会 Python 开发技能。笔者曾是开发工程师，目前是专职的编程讲师，在腾讯课堂录制有多门编程课程。读者在学习本书的过程中，可以登录笔者的课堂网页观看学习。愿你通过本书快速踏入 Python 编程的大门！

本书内容

本书共分 12 章，各章内容概述如下：

第 1 章　进入 Python 3.x 的世界

本章是开启 Python 世界的一枚钥匙，Python 的前世今生、环境搭建及编写人生中的第一个 Python 程序，这一切都将从这里开始。

第 2 章　Python 基础修炼

进入 Python 世界后，要对 Python 的基础语法进行学习，变量、运算符、字符串、正则都是本章的重点内容。

第 3 章　Python 数据结构

Python 的三大数据结构—— 字典、元组、列表，掌握了这三大结构后，后续所有和数据存储相关的内容都不必担心了。

第 4 章　分支与循环

分支结构无疑就是 Python 界的交通信号灯了，代码如何能有序地执行全由它来控制，而循环则是实际编码当中的又一大利器。

第 5 章　Python 中的函数

包括函数的定义、参数、递归函数、匿名函数、高阶函数以及装饰器和语法糖，全方位讲解 Python 中的函数应用。

第 6 章　面向对象编程

"面向对象"这个词很常见，但是真正弄明白的却很少，本章将通过图解的方法带你一步一步学习面向对象的三大核心概念：继承、封装、多态，解除面向对象的困惑。

第 7 章　Python 的模块

Python 中的模块是强大功能的聚集地，本章包含常用内置模块和第三方模块的案例实战，同时还加入了自定义模块的发布。通过本章的学习，你将能够动手打造自己的模块程序。

第 8 章　文件读写和异常处理

实际开发中文件的读写操作及对于异常的处理都是工程师们的基本功。学习掌握本章内容后，你日后工作中的小 bug 就都不在话下了。

第 9 章　操作数据库

本章以主流的 MySQL 数据库为主题，介绍 Python 操作 MySQL 数据的各种知识和技能。

第 10 章　Django 架站

Django 是 Python Web 开发的主流框架，凭借大而全、简单、易上手等优势得到开发人员的青睐。本章以一个博客项目为线索，详细介绍 Django 开发中的模型、视图、模板、自带 admin 后台等内容。

第 11 章　编写打飞机游戏

Pygame 是通过 Python 进行游戏开发的，让 Python 覆盖领域更加广泛。本章以 Pygame 为开发环境，以飞机大战游戏为主题，教你从零开始一步一步学习游戏开发。

第 12 章　编写 Python 爬虫

通过 Python 编写爬虫是当前爬虫工程师的必备技能。本章详细地介绍编写网络爬虫的重要知识点，通过百度贴吧、豆瓣电影数据的爬取项目让读者更好地掌握爬虫的实用开发技能。

本书特色

- 有趣的手绘插图：文字说不清楚的事情咱们来看图说。
- 丰富的编程案例：不再干巴巴地讲理论，用示例和项目说明一切。

- **涉及内容广泛**：覆盖 Python Web、Python 爬虫、游戏编程三大热点应用，总有一个是你关注的。
- **配合视频教学**：为便于读者掌握本书内容，笔者专门录制了相关视频教学课程，读者可以登录网站 http://boa.ke.qq.com/ 观看本书的视频教学，也可扫描下方的二维码用手机观看。若使用过程中出现问题，可以发送邮件至 booksage@126.com，主题为"Python 轻松学：游戏、爬虫与架站配书文件"。

- **技术交流**：可以加入笔者的 QQ 群进行技术交流，并获得技术支持，群号是560812629。

面向的读者

本书尝试着去适应广泛的读者群体：

- 从未接触编程，很想学习 Python 编程的新人，包括在校大学生、中学生等。
- 转型到 Python 方向的开发人员。
- Python 网课、培训机构和大中专院校的 Python 编程教学人员。

从编写到修订大半年的时间内，笔者的家人默默付出了很多，在这里对他们表示深深的感谢，同时希望本书能为正在 Python 路上前行的你有一点点帮助。由于水平有限，书中难免存在疏漏之处，敬请广大读者批评指正。

编者

2019 年 2 月

目　　录

第1章

进入 Python 3.x 的世界

本章主要介绍如何安装 Python 及开发工具,通过编写最简单的代码,让大家快速了解 Python 的前世今生。

1.1 初识 Python

随着大数据、人工智能的兴起,Python 这个早在 1989 就已经出现的语言终于高调回归。从 20 世纪 90 年代初 Python 语言诞生至今,它已被逐渐广泛应用于系统管理任务 的处理和 Web 编程。为了更好地学习 Python,我们先来了 解一下它的前世今生。

吉多·范罗苏姆(Guido van Rossum)

图 1-1 Python 创始人

1.1.1 Python 起源

Python 的创始人为吉多·范罗苏姆（Guido van Rossum），人称龟叔。在 1989 年，为了打发圣诞节假期，Guido 开始写 Python 语言的编译器。Python 这个名字来自 Guido 所挚爱的电视剧 Monty Python's Flying Circus。他希望这个新的叫作 Python 的语言能符合他的理想：创造一种在 C 和 shell 之间功能全面、易学易用、可拓展的语言。

Python 具有丰富和强大的库，常被昵称为胶水语言，能够把用其他语言制作的各种模块（尤其是 C/C++）很轻松地联结在一起。

1.1.2 Python 发展历程

1991 年，第一个 Python 编译器诞生。它是用 C 语言实现的，并能够调用 C 语言的库文件。从一出生，Python 已经具有了类、函数、异常处理、包含表和字典在内的核心数据类型以及模块为基础的拓展系统。Python 的发展历程见图 1-2。

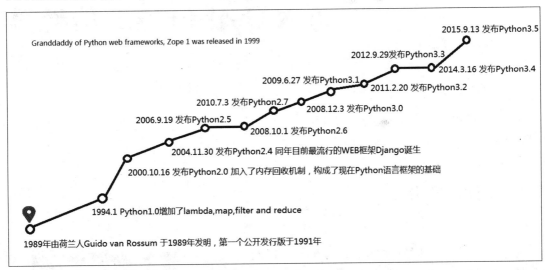

图 1-2　Python 发展历程

1.1.3 Python 江湖地位

Python 语言简洁、易读，并且可扩展。在国外用 Python 做科学计算的研究机构日益增多，一些知名大学已经采用 Python 来教授程序设计课程。例如，卡耐基梅隆大学的编程基础、麻省理工学院的计算机科学及编程导论就使用 Python 语言讲授。众多开源的科学计算软件包都提供了 Python 的调用接口，例如著名的计算机视觉库 OpenCV、三维可视化库 VTK、医学图像处理库 ITK。Python 专用的科学计算扩展库就更多了，例如 NumPy、SciPy 和 MatplotLib 这 3 个十
分经典的科学计算扩展库就分别为 Python 提供了快速数组处理、数值运算以及绘图功能。Python
语言及其众多的扩展库所构成的开发环境十分适合工程技术、科研人员处理实验数据、制作图
表，甚至开发科学计算应用程序。

　　2011 年 1 月，Python 被 TIOBE 编程语言排行榜评为 2010 年度语言。自从 2004 年以后，
Python 的使用率呈线性增长。在 2018 年 9 月份的 TIOBE 编程语言排行榜中，Python 超越 C++，
首次进入排行榜 TOP 3，如图 1-3 所示。

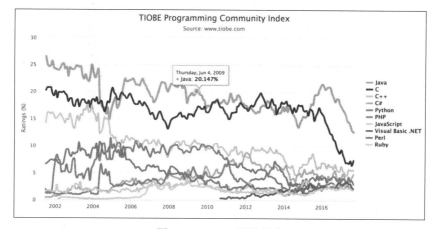

图 1-3　Python 语言趋势

　　Python 的设计哲学是"优雅""明确""简单"。

　　Python 是一种代表简单主义思想的语言。阅读一个良好的 Python 程序就像是在读英语一样，
它使你能够专注于解决问题，而不是去搞明白语言本身，并且 Python 极易上手，因为 Python 有极
其简单的说明文档。Python 的应用领域越来越广泛，在云计算、人工智能等方向都有着出色的
表现。

1.2　Python环境搭建

　　"工欲善其事，必先利其器。"本节介绍如何安装和配置 Python 开发环境，为 Python 开发
项目创建一个工程环境。

　　Python 主要有两个版本，一个是 Python 2.7，一个是 Python 3.x（最新版本已经到了 3.7）。
两个版本编写的代码并不兼容，这一点要注意。Python 2.7 在一些公司的开发中还在使用，但由
于该版本官方只支持到 2020 年 1 月，所以现在学习 Python，建议选择 3.x。本书中的 Python 版
本为 Python 3.6.3。

1.2.1 在 Windows 系统中安装 Python

安装 Python 时，可以从 Python 的官方网站（https://www.python.org/downloads/）上免费下载对应的版本，包括 PC 版和 Mac 版，具体操作步骤如下：

1 通过浏览器打开 https://www.python.org/downloads/下载，如图 1-4 所示。

图 1-4　Python 官网

选择对应的版本单击 Download 按钮进行下载（注意：本书中所有的案例是基于 Python 3.6.3 版本的，建议下载时选择 3.x 版本以上），或者不在官网进行下载，直接打开百度搜索 python 下载。

2 下载完成后，安装软件，双击运行。

注意，需要勾选 Add Python 3.6 to PATH 这一项（见图 1-5）。如果没有勾选，后续会有很多麻烦的问题。为了简便我们的操作，建议这个地方一定要勾选上。如果你需要设置 Python 的安装路径，就单击 Customize installation；如果希望默认安装，直接单击 Install Now（默认的安装路径在 Install Now 下面有提示 C:\User\Administrator\AppData\Local\Programs\pyt hon\Python36）。

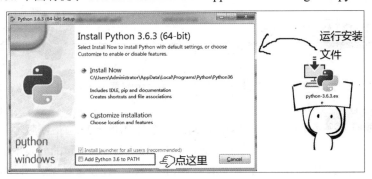

图 1-5　Python 安装

3 单击 Instal Now 进行安装，安装过程中不要关闭窗口（见图 1-6）。

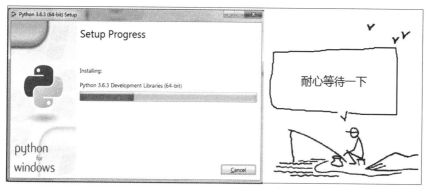

图 1-6　Python 安装

4 安装成功后你可以看到如图 1-7 所示的界面。

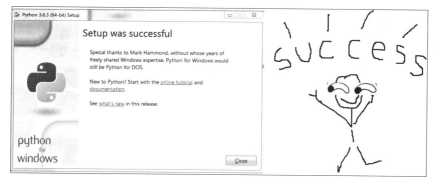

图 1-7　Python 安装成功

5 为了检测是否安装成功，可打开 cmd（选择"开始"→"运行"菜单，输入"cmd"回车后进入命令行下），输入"python"（见图 1-8）。

图 1-8　Python 安装

当你输入"python"回车后，能看到和图 1-8 一样的效果时就证明已经成功安装了 Python，你已经迈入伟大的第一步。

1.2.2 在 Mac OS 系统中安装 Python

如果你的 Mac 系统是 OS X 10.8-10.10，系统自带的 Python 版本是 2.7，想要升级为 3.x 的版本可以在 Python 官网下载对应的版本进行安装。安装前如需查看系统当前 Python 版本，在终端输入命令"Python"即可，见图 1-9。

图 1-9　Python 安装

【安装方法一】　从 Python 官网下载 python 3.6.3 的安装程序，双击运行并安装，具体步骤如下：

 通过浏览器打开 https://www.python.org/downloads/mac-osx/下载对应版本（见图 1-10）。

图 1-10　Python 下载

 在安装过程（见图 1-11）中，注意不要关闭窗口。

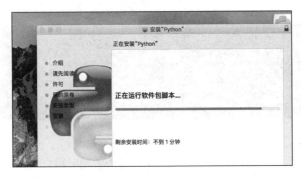

图 1-11　Python 安装

3 安装成功（见图 1-12）。

图 1-12　Python 安装成功

【安装方法二】　如果电脑中已安装 Homebrew，就可以直接通过命令 brew install python3 进行安装。

1.2.3　在 Linux 系统中安装 Python

一般情况下，Linux 都预装了 Python，但是这个预装的 Python 版本一般都非常低，需要进行升级。想要查看目前 Linux 系统所带的 Python 版本，只需要打开终端，输入"python"即可（见图 1-13）。

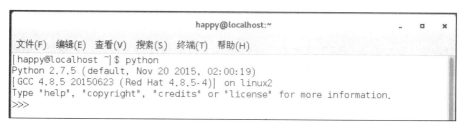

图 1-13　查看 Linux 系统中的 Python 版本

【安装方法一】　从 Python 官网下载 Python 3.6.3 的安装程序，通过命令安装，具体步骤如下：

1 通过浏览器打开 https://www.python.org/downloads/下载（见图 1-14）。

选择对应的系统版本，单击 Download 进行下载（注意：本书中所有的案例都是基于 Python 3.6.3 版本的，建议读者下载时选择 3.x 版本以上）。或者不在官网直接下载，也可以使用服务器远程下载，命令为"wget https://www.python.org/ftp/python/3.6.3/Python-3.6.3.tgz"。

图 1-14　Python 官网

2 解压 tgz 包（见图 1-15），解压命令为"tar zxvf Python-3.6.3.tgz"。

图 1-15　Linux 上解压 Python 安装文件

3 添加配置，首先进入到解压后的 Python 3.6.3 文件夹内执行./configure 命令（见图 1-16）。

图 1-16　执行./configure 命令

4 编译 make，在 Python 3.6.3 目录下执行 make 命令（见图 1-17）。

图 1-17　执行 make 命令

 5 执行安装，在 Python 3.6.3 目录下执行 make install 命令（见图 1-18）。

图 1-18　执行 make install 命令

6 当执行完成后，输入"python3"（见图 1-19）。

```
[root@localhost Python-3.6.3]# python3
Python 3.6.3 (default, Mar 14 2018, 08:47:32)
[GCC 4.8.5 20150623 (Red Hat 4.8.5-4)] on linux
Type "help", "copyright", "credits" or "license" for more information.
>>>
```

图 1-19　输入 python3

当你输入"python3"回车后，若能看到和图 1-19 一样的效果，就证明你的 Python 已经安装成功了。

【安装方法二】 在 Linux 上若已安装 anaconda，则可使用 anaconda 自带的 conda 命令（conda create -n py3 python=3.6.3）。安装成功后，如需进入 Python 3 的运行环境，使用命令 activate py3 即可。若安装过程中有任何问题或异常，可以自行查找相关资料解决，不要放弃任何一个提升你解决问题能力的机会。

1.3　开发工具（VSCode）的安装

开发工具可以帮助程序员更加方便地编写和调试代码、加快开发速度。Python 的开发工具有很多，例如 PyCharm、VSCode 等。这里推荐使用 VSCode，无论从安装还是使用方面都非常轻便，相信你肯定会在一秒钟内爱上它。如果你有 Web 开发经验，并且熟练 webstrom 工具的使用，那么 PyCharm 可能更加适合你，可以无缝切换。

下面介绍在 Windows 系统中安装 VSCode 的具体步骤：

1 通过浏览器打开 https://code.visualstudio.com/官网（见图 1-20）。

图 1-20　下载安装所需文件

在 VSCode 官网的首页有 Download for Windows 选项，选择对应自己电脑系统的版本下载。

2 下载完成后单击.exe 可执行程序，进入到图 1-21 所示的界面，单击"下一步"按钮。

图 1-21　双击.exe 文件进入安装过程

3 阅读许可协议后选中"我接受协议"单选项，并单击"下一步"按钮，如图 1-22 所示。

图 1-22　选择"我接受协议"

4 选择目标位置，即软件的安装目录，可以通过"浏览"按钮修改后单击"下一步"按钮，如图 1-23 所示。

图 1-23　单击"下一步"按钮

5 设置快捷方式，一般不用处理，直接单击"下一步"按钮。

图 1-24　单击"下一步"按钮

6 全选其他任务后单击"下一步"按钮，如图 1-25 所示。

图 1-25　全部勾选

7 安装准备就绪，单击"安装"按钮，如图 1-26 所示。

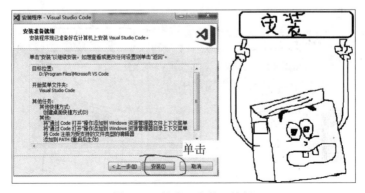

图 1-26　单击"安装"按钮

8　安装过程中（见图 1-27），不要关闭窗口，等待 1-2 分钟即可。

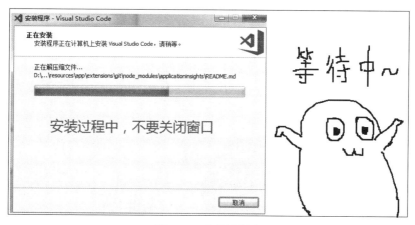

图 1-27　安装过程中

9　安装成功后单击"完成"按钮即可（见图 1-28）。

图 1-28　安装成功

10　打开 VSCode，按照图 1-29 所示的操作安装 Python 插件，这样会有 Python 的提示。

图 1-29　安装 Python 的插件

1.4 老规矩——从"Hello World"开始

学习任何一门语言都是从"Hello World"开始的，为什么呢？在编程界，这早已是一个不成文的惯例，最开始 Hello World（见图 1-30）起源于 C 语言的一本书中，寓意新生。第一次开启 Python 大门的我们当然也要带着满满的仪式感来一个喽！

图 1-30　Hello World

当你在本地安装好 Python 环境后，选择"开始→运行"菜单，输入"cmd"，单击"确定"（或按回车键）打开命令提示符窗口，输入"python"，可以看到下面的内容。

```
Microsoft Windows [版本 6.1.7601]
版权所有 (c) 2009 Microsoft Corporation。保留所有权利。
C:\Users\Administrator>python
Python 3.6.3 (v3.6.3:2c5fed8, Oct  3 2017, 17:26:49) [MSC v.1900 32 bit
(Intel)]
 on win32
Type "help", "copyright", "credits" or "license" for more information.
>>>
```

如果提示 Python 不是内部指令，那么就是 Python 安装出了点小麻烦，最好按照前面的截图步骤再来一遍。

在命令行中输入下面的语句：

```
print("Hello World")
```

这里使用了 Python 的函数 print()，用来输出"Hello World"。关于函数的概念和使用，在之后的章节内容中会进行详细讲解。

按回车键后，当你看到屏幕上打印出"Hello World"的时候，我们就可以非常自豪地和别人说，"我可以用 Python 编写 Hello World 了"。

1.5　小结

本章首先介绍了 Python 的起源，以及如何安装 Python，并演示了一个"Hello World"程序；在后续章节中将逐步介绍 Python 中各个模块的基本使用方法，包括基础的语法操作及第三方模块，你会慢慢发现 Python 它真正的强大之处。

最后借用一句龟叔的话来结束本章，"人生苦短，我用 Python"（见图 1-31）。

图 1-31　龟叔

1.6　编程练习

（1）尝试在不同的操作系统上安装本书所用的 Python 3.6.3 版本。

（2）通过 print 函数做一个自我介绍（包括输出姓名、性别、爱好等）。

第 2 章

Python 基础修炼

"千里之行，始于足下。" Python 的学习要一步一个扎实的脚印。本章我们将带着大家一起来学习 Python 中的基础语法及常用的数据类型等。马上一起来开启 Python 的修炼之旅吧！

2.1　开启Python编程

无论你是否有编程经验，学习 Python 都会让你感觉是一次愉快的旅行。相比 Java 和 C++，Python 的最大特色就是易于上手。下面我们就开启 Python 的编程之旅吧！（见图 2-1）

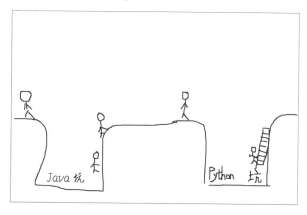

图 2-1　欢迎进入 Python 坑

2.1.1　交互式编程

还记得第 1 章中的 Hello World 吧，只需要在命令行中输入"python"即可进入 Python 的交互式编程（见图 2-2），之后直接编写 Python 代码按回车键即可看到运行效果。

```
管理员: C:\Windows\system32\cmd.exe - python

Microsoft Windows [版本 6.1.7601]
版权所有 (c) 2009 Microsoft Corporation。保留所有权利。

C:\Users\Administrator>python
Python 3.6.3 (v3.6.3:2c5fed8, Oct  3 2017, 18:11:49) [MSC v.1900 64 bit (AMD64)]
 on win32
Type "help", "copyright", "credits" or "license" for more information.
>>>
```

图 2-2　交互式编程

交互式编程不需要创建 py 文件，是通过 Python 解释器的交互模式来编写代码的。怎么样？跟着一起操作是不是发现很简单？但是，好像还有那么一点点问题，就是只要 cmd 窗口关闭了，刚刚所编写的代码也就没有了。

辛辛苦苦完成的代码没有保存起来一定是一件令人崩溃的事情。很显然，这里需要保存我们的代码，有什么解决办法呢？继续往下看。

2.1.2　脚本式编程

首先使用文本编辑器编写后缀名为.py 的文件，再通过 Python 命令调用解释器开始执行 py 文件，直到执行完毕。当文件执行完成后，解释器不再有效。

马上来编写一个简单的 Python 程序。注意，所有 Python 文件都是以.py 为扩展名。

1 在 VSCode 中，通过 Ctrl+N 快捷键新建一个文件（见图 2-3）。

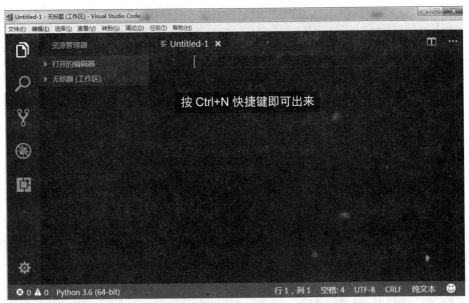

图 2-3　按 Ctrl+N 快捷键

2 按 C trl+S 快捷键保存文件到你的存放目录，别忘记它的后缀名为.py（见图 2-4）。

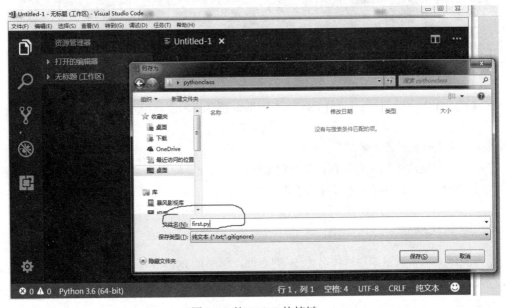

图 2-4　按 Ctrl+S 快捷键

3 编写 Python 代码，做一个简单输出，直接使用内置的 print 函数即可（见图 2-5）。

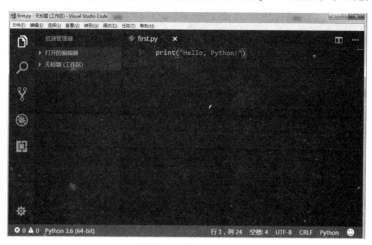

图 2-5　编写代码

 4 执行 first.py 文件。

运行 Python 文件，有以下两种方式。

第一种方式是通过 Python 命令来运行 first.py 文件。打开 cmd 窗口，在命令行中找到 first.py 的存放地址（见图 2-6、图 2-7）。

图 2-6　找到目录

图 2-7　执行

第二种方式是直接在 VSCode 开发工具中运行 first.py 文件（右击，选择在终端运行 Python 文件，见图 2-8）。

图 2-8 运行

2.1.3 缩进

大家先来看一下图 2-9 和图 2-10，说说哪幅图的方式让你更加中意。

图 2-9 无缩进代码　　　　　　　　　　　图 2-10 有缩进代码

看图过程中并不用太过关心上面两幅图上代码的意思，其实只是创建了一个类（在后续章节会讲到），单从第一眼看到的效果，是不是右边的看起来层次结构更加清晰一些呢？

开发过程中除了要实现设定的需求功能以外，代码的规范性也很重要。其中，缩进就是 Python 代码必须遵循的规范之一。

在其他编程语言中，一条语句块的开始和退出一般通过花括号或者其他关键字来表示，例如在 Java 代码中定义一个方法打印一条语句，代码如下：

```
public static int SayHi(){
    System.out.println("hello"); #Java 中的输出语句
}
```

上述代码中涉及 Java 的一些语法，我们可能并不太明白，但是可以看出一个语句块由花括号包裹起来，表示为一个整体。

在 Python 中，使用缩进来表示语句块的开始和退出。缩进和 Java 中的花括号一样重要，在 Python 中变成了语法类（不按照这个写就是语法错误），以此来强制程序员养成良好的编程习惯（见图 2-11）。一般使用四个空格或者一个 Tab，不过这并不是固定的，三个空格、五个空格只要语句块里面的代码都保持一致的缩进就可以（建议用一些开发 IDE，很多时候会帮你自动缩进）。

图 2-11　注意编码规范

2.1.4　注释

适当的注释可以使代码更容易被他人理解。给你打 KPI 的领导、其他同事或公司里面定期的代码审查人员等都可能会查看你的代码（见图 2-12），这时如果程序代码没有注释就很难理解。

还有工作交接、项目迭代等各类需求。你去修改一个月之前甚至几年之前的代码，很有可能需要花费几天时间好好地和它重新认识一下。在代码中关键的业务逻辑或者重要的地方适当地添加注释也是编程规范里的一大要求。

计算机并不会去阅读"注释"，换句话说，注释并不会被计算机执行。在 Python 中，代码注释可以分为单行注释和批量多行注释两种。

图 2-12　代码审查

（1）#号常被用作单行代码注释符号，在代码中使用#时，其右边的所有代码数据都不会被执行。

例如，在以下代码中，虽然存在两个 print 输出语句，但是因为第一个 print 前面存在#，所以不会执行当前代码，输出结果为"Hello，Python"。

```
#print("你好! Python")
print("Hello, Python!") #这是一句输出语句，运行结果为"Hello, Python!"
```

（2）在 Python 中当需要将多行代码进行注释的时候，虽然可以用#来逐行注释，但是三对单引号（或三对双引号）无疑是最好最便捷的处理方式，在三对单引号（或三对双引号）中间的任何代码数据都不会被执行。

例如，在以下代码中，虽然出现了多次 print 输出，但是输出结果中只有一句"Hello，Python！"，其原因就是前面的 print 输出在批量注释中间，因而没有被执行。

```
'''
print("Hello, Python!")
print("Hello, Python!")
print("Hello, Python!")
print("Hello, Python!")
print("Hello, Python!")
'''

"""
print("Hello, Python!")
print("Hello, Python!")
print("Hello, Python!")
print("Hello, Python!")
print("Hello, Python!")
"""
print("Hello, Python!") #这是一句输出语句
```

除了要添加注释以外，注释的内容也要尽量简单明了地表达被注释代码的意思，当然也有很多有意思、个性化的注释文字，比如图 2-13 中的注释（建议不用）。编写注释的习惯和规范需要一点点养成。

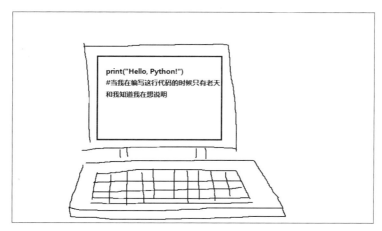

图 2-13　有意思的注释

2.2　你不知道的变量

变量是计算机程序中的一个重要概念，几乎每一种语言都会有变量，那么什么是变量呢？变量是指向各种类型值的名字，以后再用到这个值时，直接引用名字即可。通俗地讲，变量就是会"变"的量。在程序中，变量的值会根据具体的业务逻辑发生变化。

2.2.1　变量命名的规则

每个变量都有一个名字。变量的命名必须遵循下述规则：

（1）变量名可以包括字母、数字、下画线，但是数字不能作为开头。例如，"age1"是合法变量名，而"1age"就不可以。

（2）除了下画线之外，其他符号不能作为变量名使用。

（3）Python 的变量名是区分大小写的。例如：name 和 Name 是两个变量名，而非相同的变量。

（4）不能使用 Python 中的关键字。

Python 关键字（见表 2-1）是指 Python 语言本身定义的有特别含义的字符组合，不能被作为变量名使用。

表 2-1　Python 3 中的关键字

关键字	关键字
False	class
None	continue
True	def
and	del
as	elif
assert	else
break	except
finally	for
from	global
if	import
in	nonlocal
lambda	is
not	or
pass	raise
return	try
while	with
yield	

2.2.2　变量使用

定义一个变量的方法很简单，只需要给变量命名并赋一个值即可。变量作为一个容器进行数据存储，就像图 2-14 中所表示的旅店房间和门牌号，每个房间都会对应一个门牌号，而变量名称就像是门牌号，找到门牌号可以找到所对应的房间，在代码中只要知道变量名就可以获取到对应的内容。

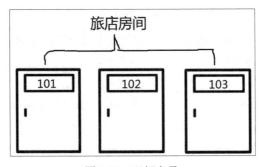

图 2-14　理解变量

定义变量的语法如下：

变量名=变量值

例如：

name="小明"

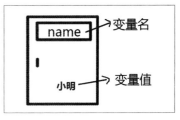

图 2-15　理解变量

这条语句就完成了一个变量的定义，其中变量名为 name、变量值为"小明"，用图来表示即如图 2-15 所示。

小问题：如果你有过其他编程语言的学习经历，可能会好奇为什么在 Python 中变量的定义完全不需要数据类型的指定，因为在 Python 中变量是什么类型的由你赋的值来决定。后面小节会详细讲到，这里先了解一下就可以了。

学会定义变量后，来看一下和变量定义有关的坑点。下面的代码中定义了两个变量，分别为 name 和 Name（见图 2-16）：

```
>>> name="张三"
>>> Name="李四"
```

图 2-16　理解变量命名

两个变量都命名为 name，区别在于大小写，那么它们是一个变量还是两个变量呢？其实答案在前面完全可以找到。在 Python 中严格区别大小写，所以 name 和 Name 表示两个变量。在实际开发过程中，需要注意变量的命名要符合命名规则，同时要取有意义的名字。

Python 中除了一次定义一个变量，还可以一次定义多个变量并完成赋值操作，来看下面的代码：

```
>>> age1 = age2 = age3 = 1
>>> print(age1)
```

```
1
>>> print(age2)
1
>>> print(age3)
1
```

上面的代码中定义了三个变量，分别为 age1、age2、age3，并且都赋值为 1，在 print 语句打印时都输出 1，这就是一个一次定义多个变量并进行赋值的简单示例。

如果想要一次定义多个变量并赋以不同的值，也很简单，只需要使用逗号将变量名和值分别进行分隔即可，来看下面的代码：

```
>>> age1,age2,age3 = 10,20,30
>>> print(age1)
10
>>> print(age2)
20
>>> print(age3)
30
```

 每个变量在使用前都必须赋值，只有赋值后才会被创建。

2.2.3 数据类型

计算机可以处理的数据有很多种类型，如数值、文本等，不同的数据需要定义不同的数据类型，才能在程序中正确地操作。在 Python 3 中，有 6 种标准的数据类型：Number（数字）、String（字符串）、List（列表）、Tuple（元组）、Set（集合）、Dictionary（字典），见表 2-2。

表 2-2　Python 3 的数据类型

数据类型	描述	例子
Number	数值	Sum=100
Set	集合	student = {'Tom', 'Amy', 'Mary'}
String	字符串	Name="Mary"
List	列表	Class=["一班", "二班", "三班"]
Tuple	元组	Class=("一班", "二班", "三班")
Dictionary	字典	Dict={"name":"Tom", "age":18}

Python 3 中支持 3 种不同的数值类型，包括 int（整型）、float（浮点型）、complex（复数）。int 通常被称为整型/整数，取值为正整数或负整数。在 Python 3 中，整数没有限制大小，这一点和 Python 2 不同（Python 2 有一种 long 类型，比 int 类型表示的数值范围更大，Python 3 中已经取消）。

下面来看看数值类型的使用。这里定义一个变量 age，赋值为整型：

```
age=10
```

这里将整型数值 10 赋给变量 age（定义的一个整型变量），显然 age（年龄）要用整数表示。

如果是单价呢，比如在商场促销时打出吸引人的九九折，就需要使用浮点型数据了。浮点型数据由整数部分和小数部分组成。下面的语句定义一个价格的浮点型变量：

```
>>> price=10.5
>>> print(type(price))
<class 'float'>
```

 type（）是 Python 提供的内置函数，可以查询数据类型。在上面的代码中，将定义好的变量 price 传递到 type 函数中，返回的是 price 对应的类型。在 Python 中定义变量无须指定数据类型，因为具体是什么类型由所赋的值决定。例如，price=10 是整型，price=10.5 就是浮点型。

complex 复数由实数部分和虚数部分构成，可以用 a + bj 或者 complex(a,b)表示。复数的实部 a 和虚部 b 都是浮点型。下面来看一次复数该如何定义：

```
>>> num=1+2j
>>> print(type(num))
<class 'complex'>
```

在上述代码中，1 为实数部分，2 为虚数部分，虚数部分后缀必须为 j（当然大写的 J 也可以）complex 复数在目前阶段使用的情况并不多，感兴趣的读者可以自己查阅相关资料。

通过上述内容，我们已经掌握了 Python 中的整型类型，其他类型会在接下来的章节中进行介绍。

2.3　运算符和表达式

运算符用于将各种类型的数据进行运算。表达式就是由操作数和运算符组成的式子。例如，在表达式 10 + 20 = 30 中，10 和 20 为操作数，+为运算符。Python 中支持的运算符如图 2-17 所示。

图 2-17　Python 中支持的运算符

下面让我们依次来看一下每个运算符的使用手册。

2.3.1　算术运算符

算术运算符用于加（+）减（-）乘（*）除（/）等数学运算，加减乘除相信你一定不会陌生，从小学开始就已经接触这些简单的数学运算。下面来看表 2-3 算术运算符的描述和实例（假设变量 a=20，变量 b=10）。

表2-3　算术运算符

运算符	描述	实例
+	将运算符两边的操作数相加	a+b=30
-	将运算符左边的操作数减去右边的操作数	a-b=10
*	将运算符两边的操作数相乘	a*b=200
/	用右操作数除左操作数	a/b=2
%	用右操作数除左操作数并返回余数	a%b=0
**	对运算符进行指数（幂）计算	a ** b 表示 20 的 10 次幂
//	取整除（地板除）返回商的整数部分	a//b=2

此处的加（+）减（-）乘（*）除（/）取余（%）运算符和其他编程语言中的使用方法一致，这里掌握之后，以后在其他语言中遇到可以快速上手，接下来在交互模式下（进入到 cmd 命令行模式下输入 "python"）输入代码来看一下效果：

```
Microsoft Windows [版本 6.1.7601]
版权所有 (c) 2009 Microsoft Corporation。保留所有权利。
```

```
C:\Users\Administrator>python
Python 3.6.3 (v3.6.3:2c5fed8, Oct  3 2017, 17:26:49) [MSC v.1900 32 bit
(Intel)]
 on win32
Type "help", "copyright", "credits" or "license" for more information.
>>> a=20
>>> b=10
>>> print(a+b)
30
>>> print(a-b)
10
>>> print(a*b)
200
>>> print(a/b)
2.0
>>> print(a%b)
0
>>> print(a//b)
2
>>> print(a**b)
10240000000000
>>>
```

2.3.2　比较运算符

比较运算符也称为关系运算符，通过比较符号两边的值来确定它们之间的关系。下面来看一下表 2-4 比较运算符的描述和实例（假设变量 a=20，变量 b=10）。

表 2-4　比较运算符

运算符	描述	实例
==	比较两个操作数是否相等	(a==b)返回 False
!=	比较两个操作数是否不相等	(a!=b)返回 True
>	大于，即左操作数大于右操作数	(a>b)返回 True
<	小于，即左操作数小于右操作数	(a<b)返回 False
>=	大于等于，即左操作数大于等于右操作数	(a>=b)返回 True
<=	小于等于，即左操作数小于等于右操作数	(a<=b)返回 False

通过表 2-4 中的实例结果可以发现，比较运算符的返回结果都为布尔值（True 或 False）。一般比较运算符都会结合分支或循环语句使用（分支和循环在后续章节会详细讲解），接下来在交互模式下输入代码来看一下效果：

```
Microsoft Windows [版本 6.1.7601]
版权所有 (c) 2009 Microsoft Corporation。保留所有权利。

C:\Users\Administrator>python
Python 3.6.3 (v3.6.3:2c5fed8, Oct  3 2017, 17:26:49) [MSC v.1900 32 bit
(Intel)]
 on win32
Type "help", "copyright", "credits" or "license" for more information.
>>> a=20
>>> b=10
>>> print(a==b)
False
>>> print(a!=b)
True
>>> print(a>b)
True
>>> print(a<b)
False
>>> print(a>=b)
True
>>> print(a<=b)
False
>>>
```

2.3.3　赋值运算符

"赋值"顾名思义即赋予一个值，在变量一节中介绍了通过"="进行赋值操作，其实"="就是赋值运算符中的一员。下面来看表 2-5 赋值运算符的描述和实例（假设变量 a=20，变量 b=10）。

表 2-5　赋值运算符

运算符	描述	实例
=	将右侧的操作数赋值给左侧操作数	c=a+b
+=	将右侧操作数加上左侧操作数，并将结果赋值给左侧操作数	a+=b 等价于 a=a+b
-=	从左侧操作数减去右侧操作数，并将结果赋值给左侧操作数	a-=b 等价于 a=a-b
*=	将右侧操作数乘以左侧操作数，并将结果赋值给左侧操作数	a*=b 等价于 a=a*b
/=	将左侧操作数除以右侧操作数，并将结果赋值给左侧操作数	a/=b 等价于 a=a/b

（续表）

运算符	描述	实例
%=	将左侧操作数取余右侧操作数，并将结果赋值给左侧操作数	a%=b 等价于 a=a%b
**=	执行指数（幂）计算，并将值分配给左侧操作数	a**=b 等价于 a=a**b
//=	运算符执行整除运算，并将值分配给左侧操作数	a//=b 等价于 a=a//b

接下来在交互模式下输入代码来看一下效果：

```
Microsoft Windows [版本 6.1.7601]
版权所有 (c) 2009 Microsoft Corporation。保留所有权利。

C:\Users\Administrator>python
Python 3.6.3 (v3.6.3:2c5fed8, Oct  3 2017, 17:26:49) [MSC v.1900 32 bit
(Intel)]
 on win32
Type "help", "copyright", "credits" or "license" for more information.
>>> a=20
>>> b=10
>>> c=a+b
>>> print(c)
30
>>> a+=5
>>> print(a)
25
>>> a-=10
>>> print(a)
15
>>> a*=2
>>> print(a)
30
>>> a/=2
>>> print(a)
15.0
>>> a%=2
>>> print(a)
1.0
>>> a**=5
>>> print(a)
1.0
>>> a=30
```

```
>>> a//=2
>>> print(a)
15
>>>
```

2.3.4　逻辑运算符

Python 中也支持逻辑运算符，下面来看表 2-6 逻辑运算符的描述和实例（假设变量 a=True，变量 b=False）。

表 2-6　逻辑运算符

运算符	描述	实例
and	若两个操作数都为真，则条件成立	(a and b) 结果为 False
or	若两个操作数中的任何一个为真，则条件为真	(a or b) 结果为 True
not	用于反转操作数的逻辑状态	not(a and b) 结果为 True

接下来在交互模式下输入代码来看一下效果：

```
Microsoft Windows [版本 6.1.7601]
版权所有 (c) 2009 Microsoft Corporation。保留所有权利。


C:\Users\Administrator>python
Python 3.6.3 (v3.6.3:2c5fed8, Oct  3 2017, 17:26:49) [MSC v.1900 32 bit
(Intel)]
 on win32
Type "help", "copyright", "credits" or "license" for more information.
>>> a=True
>>> b=False
>>> print(a and b)
False
>>> print(a or b)
True
>>> print(not(a and b))
True
>>>
```

2.3.5　位运算符

位运算符是把数字看作二进制进行计算，下面来看表 2-7 位运算符的描述和实例（假设变量 a=60，变量 b=13）。

表 2-7 位运算符

运算符	描述	实例
&	如果参与运算的两个值的相应位都为 1，那么该位的结果为 1，否则为 0	(a & b) 输出结果 12，二进制解释：0000 1100
|	只要对应的两个二进位有一个为 1，结果位就为 1	(a | b) 输出结果 61，二进制解释：0011 1101
^	当两对应的二进位相异时，结果为 1	(a ^ b) 输出结果 49，二进制解释：0011 0001
~	对数据的每个二进制位取反，即把 1 变为 0，把 0 变为 1。~x 类似于 -x-1	(~a) 输出结果-61，二进制解释：1100 0011，一个有符号二进制数的补码形式
<<	运算数的各二进位全部左移若干位，由 << 右边的数字指定移动的位数，高位丢弃，低位补 0	a << 2 输出结果 240，二进制解释：1111 0000
>>	把>>左边的运算数的各二进位全部右移若干位，>>右边的数字指定移动的位数	a >> 2 输出结果 15，二进制解释：0000 1111

接下来在交互模式下输入代码来看一下效果：

```
Microsoft Windows [版本 6.1.7601]
版权所有 (c) 2009 Microsoft Corporation。保留所有权利。

C:\Users\Administrator>python
Python 3.6.3 (v3.6.3:2c5fed8, Oct  3 2017, 17:26:49) [MSC v.1900 32 bit
(Intel)]
 on win32
Type "help", "copyright", "credits" or "license" for more information.
>>> a=60
>>> b=13
>>> print(a&b)
12
>>> print(a|b)
61
>>> print(a^b)
49
>>> print(~a)
-61
>>> print(a<<2)
240
>>> print(a>>2)
15
>>>
```

2.3.6 成员运算符

下面来看表 2-8 成员运算符的描述和实例（假设变量 a=20，变量 b=[1,20,5,10]）。

表 2-8 成员运算符

运算符	描述	实例
In	如果在指定的序列中找到一个变量的值，则返回 True，否则返回 False	(a in b)结果为 True
not in	如果在指定序列中找不到变量的值，则返回 True，否则返回 False	(a not in b)结果为 False

接下来在交互模式下输入代码来看一下效果：

```
Microsoft Windows [版本 6.1.7601]
版权所有 (c) 2009 Microsoft Corporation。保留所有权利。

C:\Users\Administrator>python
Python 3.6.3 (v3.6.3:2c5fed8, Oct  3 2017, 17:26:49) [MSC v.1900 32 bit
(Intel)]
 on win32
Type "help", "copyright", "credits" or "license" for more information.
>>> a=20
>>> b=[1,20,5,10]
>>> print(a in b)
True
>>> print(a not in b)
False
>>>
```

2.3.7 身份运算符

身份运算符比较两个对象的内存位置。下面来看表 2-9 身份运算符的描述和实例（假设变量 a=20，变量 b=10）。

表 2-9 身份运算符

运算符	描述	实例
Is	判断两个标识符是否引用自一个对象	(a is b)结果为 False
is not	判断两个标识符是否引用自不同的对象	(a is not b)结果为 True

接下来在交互模式下输入代码来看一下效果：

```
Microsoft Windows [版本 6.1.7601]
版权所有 (c) 2009 Microsoft Corporation。保留所有权利。

C:\Users\Administrator>python
Python 3.6.3 (v3.6.3:2c5fed8, Oct  3 2017, 17:26:49) [MSC v.1900 32 bit
(Intel)]
 on win32
Type "help", "copyright", "credits" or "license" for more information.
>>> a=20
>>> b=10
>>> print(a is b)
False
>>> print(a is not b)
True
>>>
```

2.3.8　运算符优先级

当一个表达式中混入多种运算符，应该如何计算呢？表 2-10 列出了从最高到最低优先级的所有运算符。

表 2-10　运算符优先级

运算符	描述
**	指数（最高优先级）
~　+　-	按位翻转，一元加号和减号（最后两个的方法名为 +@和-@）
*　/　%　//	乘，除，取模和取整除
+　-	加法，减法
>>　<<	右移，左移
&	位 'AND'
^　|	位运算符
<=　<>　>=	比较运算符
<>　==　!=	等于运算符
=　%=　/=　//=　-=　+=　*=　**=	赋值运算符
is　is not	身份运算符
in　not in	成员运算符
not　or　and	逻辑运算符

2.4 玩转字符串

字符串是 Python 中最常用的数据类型，字符串是字符的序列。我们可以使用引号（'或"）来创建字符串，使用（'''或"""）来创建多行字符串。几乎每个 Python 程序都会用到字符串，所以本节的内容要重点注意了，放下手机，好好学习（见图 2-18）。

图 2-18 好好学习

2.4.1 字符串定义

字符串的定义其实简单来说就是将变量赋值为通过引号引起来的字符，请看以下代码：

```
name="小明"          #需要注意：小明 需要使用引号引起来
```

上述代码很简单地完成了 name 变量的定义，并赋值一个字符串类型的"小明"。在 Python 中，用一对单引号或者双引号引起来的都表示一个字符串。以下定义了两个字符串类型的变量：

```
name="小明"          #双引号
hobby='abc123'       #单引号
```

单引号和双引号的问题已经弄明白了，都可以表示字符串，此时脑洞大开一下，三个引号可不可以呢？在 Python 中，三个引号（包括三个单引号和三个双引号）允许一个字符串跨多行，字符串中可以包含换行符、制表符以及其他特殊字符，这种情况通过单引号或双引号则无法完成。下面定义一个带换行的多行字符串：

```
message='''hey,你好呀
呀
呀呀呀~'''
```

```
print(message)
```

程序执行结果如图 2-19 所示。

```
问题      输出      调试控制台      终端

Windows PowerShell
版权所有 (C) 2009 Microsoft Corporation。保留所有权利。

PS D:\project\blog> & python c:\Users\Administrator\Desktop\class.py
hey,你好呀
呀
呀呀呀~
```

图 2-19　运行结果

2.4.2　字符串取值

在 Python 中如需获取字符串中的某个或某几个字符值，可以通过索引的方式进行获取。

什么是索引：首先需要明白字符串属于不可变序列。序列可以理解为多个数据元素组合在一起，字符串就是由这些字符组成的。序列中的每个元素都会被分配一个序号，代表它在序列中的位置（即索引），第一个索引是 0，第二个索引是 1，以此类推。

首先，定义一个字符串 message 并进行赋值：

```
message="hello python"
```

这时如需获取到 'e' 就可以用索引。方法很简单，通过"字符串名称[索引]"的形式即可，索引默认从 0 开始，从左向右依次数起，如图 2-20 所示。

图 2-20　理解索引——从左向右

怎么样，数对了么？需要注意的是，索引默认从 0 开始，并且字符串里面包含的特殊字符以及空格都算一个字符，数的时候不能跳过它。例如，想要获取 'e'（对应的索引编号为 1），可以使用以下代码实现：

```
print(message[1])  #输出 e
```

想要获取 'p' 的话也是一样的，先标号索引，再看 p 对应的索引（为 6），代码如下：

```
print(message[6])  #输出 p
```

再来看一种索引的使用方法，从右向左开始数（见图 2-21）。当从右开始数的时候，索引默认从-1 开始，还是一样先来给字符串 message 标号索引。

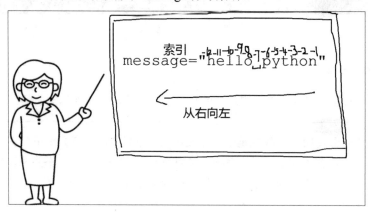

图 2-21　理解索引——从右向左

这时如需获取到字符 'p' 和字符 'y'，只需要找到 p 对应的索引-6、y 对应的索引-5，通过 "字符串[索引]" 的形式访问即可：

```
print(message[-6])  #输出 p
print(message[-5])  #输出 y
```

 使用索引的方式获取内容时，需要注意索引必须是正确的值，例如字符串的长度一共为 5，索引如果是 10 的话，就会出现异常。

2.4.3　转义字符

定义一个字符串 message 来存储一句莎士比亚的名言，通过双引号引起。在 Python 中会按照预定的含义对所编写的代码进行解释，先来看一下代码：

```
message="莎士比亚说:"黑夜无论怎样悠长,白昼总会到来".."
print(message)  #运行出错
```

运行文件，得到如图 2-22 和图 2-23 所示的运行结果。

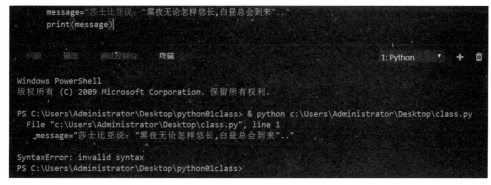

图 2-22　运行错误

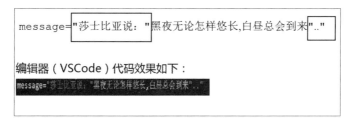

图 2-23　理解字符串错误

　　从截图中看到，错误是由字符串用引号引起的，它认为前面两个是一个整体的字符串，而后面的中文却没有引起，引发了意外错误，在编辑器（VSCode）中也可以通过颜色看出 Python 解释的结果。

　　如果想要达到包含引号的效果就需要用到前面所说的转义字符。下面来认识一些常用的转义字符，如表 2-11 所示。

表 2-11　转义字符

转义字符	描述
\'	单引号
\"	双引号
\a	响铃
\b	退格
\n	换行
\v	纵向制表符
\t	横向制表符
\r	回车
\f	换页

现在修改一下代码，在引号的前面加上"\"，再来运行，结果如图 2-24 所示。

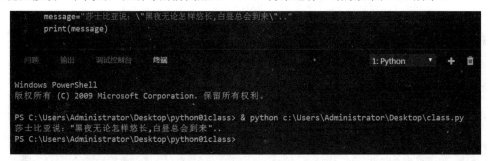

图 2-24　正常运行

通过上面的修改，我们已经掌握了转义字符的使用方法，但是转义字符远不止表格中所列出的几项。当然也不用太过担心，你无须全部记住，只要学会使用方法，在用的时候快速检索出来就可以。

2.4.4　字符串常用方法

Python 中提供了很多字符串的操作方法。下面来介绍一些常用的方法，建议跟着书上的代码一起操作完成。

【准备工作】　在 VSCode 中，通过按 Ctrl+N 快捷键新建一个文件 stringdemo.py（见图 2-25）。

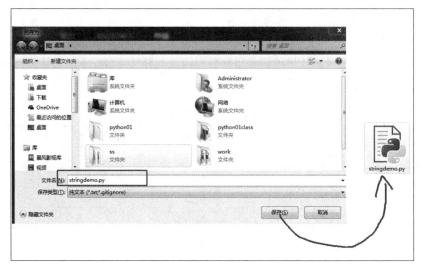

图 2-25　创建文件

【方法一】
capitalize()：用于将字符串首字母转换为大写，其他字母变小写，如图 2-26 所示。

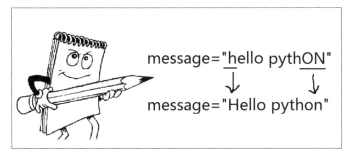

图 2-26 将字符串首字母转为大写

capitalize()将字符串的第一个字母变成大写，其他字母变小写。可使用语法 str.capitalize() 来表示：

```
>>> message="hello pyTHON"
>>> newmessage=message.capitalize() #调用字符串方法，接收转换后的返回值
>>> print(newmessage)
Hello python
```

【方法二】

upper()：用于将字符串全部转换为大写，如图 2-27 所示。

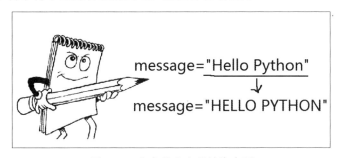

图 2-27 将字符串全部转为大写

upper() 方法将字符串中的小写字母转为大写字母，使用语法为 str.upper()，返回值为转换后的新字符串，使用变量接收后使用。下面来看一段代码：

```
>>> message="Hello Python"
>>> newmessage=message.upper() #调用转换大写方法
>>> print(newmessage)
HELLO PYTHON
```

除了可以全部转换为大写外，还可以使用 casefold()方法将字符串中的大写字母转换为小写字母。swapcase()方法用于对字符串的大小写字母进行转换，即原来小写则转换为大写、原来大写则转换为小写，casefold()、swapcase()的使用方法和 upper()一样。

【方法三】

find()：用于字符串查找，如图 2-28 所示。

图 2-28　查找字符串

find()方法检测字符串中是否包含子字符串 str，使用语法为 str.find(str, beg=0, end=len(string))，其中如果指定 beg（开始）和 end（结束）范围，则检查是否包含在指定范围内，beg 默认为 0，end 默认为字符串的长度，find()方法的返回值为找到对应的索引，否则返回-1。

在 message 中通过 find()方法查找 y：

```
>>> message="hello python"
>>> index=message.find("y")
>>> print(index)
7
```

默认情况下是在整个字符串中进行查找，也可以修改查找的范围。下面来看一下在索引为 0~5 下查找 y 的代码实现：

```
>>> message="hello python"
>>> index=message.find("y",0,5)  #指定范围进行查找
>>> print(index)
-1
```

因为在索引 0~5 的范围内不包含 y，所以 print 输出结果为 -1。

扩展　index()方法和 find()功能一致、参数及使用方法完全一样，区别在于它们没有找到对应值时的返回结果：find()返回-1，index()报出异常。

【方法四】

count()：用于统计字符串中某个字符出现的次数，如图 2-29 所示。

count()方法用于统计字符串里某个字符出现的次数。使用语法为 str.count(sub, start=0, end=len(string))，其中 sub 表示待匹配的字符，start 默认为 0，end 默认为字符串的长度，若指定 start 和 end 则表示在指定的索引范围内进行查找。

图 2-29　统计出现次数

想要在字符串中查找"o"出现的次数，下面来看一下代码：

```
>>> message="hello python"
>>> count=message.count("o")   #调用 count 方法
>>> print(count)
2
```

通过 count()方法的帮助可以指定"o"在整个字符串中一共出现了两次，如需查找在索引为
0～5 的位置出现了多少次"o"，只需指定起始位置和结束位置索引即可：

```
>>> message="hello python"
>>> count=message.count("o",0,5)
>>> print(count)
1
```

【方法五】

split()：用于通过指定字符对字符串进行分割。

split()通过指定分隔符对字符串进行切片，使用语法为 str1.split(str="", num=string.count(str))。
str 为分隔符，默认为所有的空字符，num 表示分割次数，如果参数 num 有指定值，则仅分隔 num
个子字符串。方法返回值为分割后的字符串列表。

定义字符串要求以逗号进行分割，例如：

```
>>> message="hello,python"
>>> list=message.split(",")
>>> print(list)
['hello', 'python']
```

执行结果如图 2-30 所示。

分割后的结果是返回一个字符串列表，内容为"hello，python"，接下来看一下加入分割
次数后的代码，这时字符串需要稍作修改，代码如下：

```
>>> message="A good ,book,is,agood friend"
>>> list=message.split(",",2)   #指定分割次数
```

```
>>> print(list)
['A good ', 'book', 'is,agood friend']
```

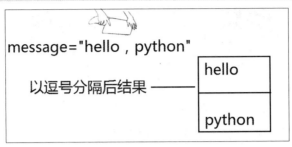

图 2-30　split()执行结果

当指定分割次数时，会从左向右进行检索匹配分割字符，在达到分割次数后，即使后续还有匹配也不会再进行分割。

【方法六】

endswith()：用于判断字符串是否以指定后缀结尾。

endswith()方法用于判断字符串是否以指定后缀结尾，如果以指定后缀结尾就返回 True，否则返回 False。可选参数"start"与"end"为检索字符串的开始与结束位置。使用语法为 str.endswith(suffix[, start[, end]])。

日常所浏览的网址通常是以.com 结尾，如图 2-31 中所示。

图 2-31　url 地址

一个网址的正确性又该如何判定呢？这里使用 endswith()方法检测一下字符串是否以.com 结尾：

```
>>> url="https://www.baidu.com" #定义待检测的 URL 地址
>>> print(url.endswith("com"))
True
```

从上述代码中可以发现，给出了一个正确的网址后，当匹配成功以".com"结尾时返回为 True。接下来可以自己试着换一个错误的网址，看看会输出什么。

endswith()方法判断字符串是否以指定的后缀结尾。和 endswith()相对应的方法是 startswith()，用于判断以指定的字符串开头，使用方法和 endswith()一致。

　　这里对于字符串方法（见图 2-32）只是介绍了使用频次很高的一部分，还有很多待发现的方法，但是我相信你学习完一部分后，再遇到新的内容也能快速上手。

图 2-32　字符串方法还有很多

2.5　正则表达式

　　正则表达式又称规则表达式，通常被用来检索、替换那些符合某个模式（规则）的文本。正则表达式是对字符串操作的一种逻辑公式，就是用事先定义好的一些特定字符及这些特定字符的组合，组成一个"规则字符串"。这个"规则字符串"用来表达对字符串的一种过滤逻辑（见图 2-33）。

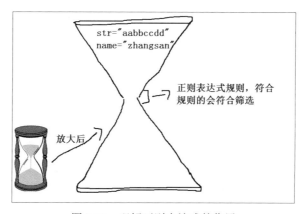

图 2-33　理解正则表达式的作用

2.5.1 元字符

正则表达式定义规则时需要用到一些特殊字符（元字符），在正则表达式中代表特殊含义，具体见表2-12。

表2-12 正则表达式的字符

字符	描述
.	匹配任意除换行符\n 外的单个字符
\d	匹配一个数字字符，等同于[0-9]
\D	匹配一个非数字字符，等同于[^0-9]
\s	匹配任意空白字符，包括空格、制表符、换页符等，等同于[\f\n\r\t\v]
\S	匹配任意非空白字符，等同于[^ \f\n\r\t\v]
\w	匹配包含下画线的任意单词字符，等同于[A-Za-z0-9_]
\W	匹配任意非单词字符，等同于[^A-Za-z0-9_]
\n	匹配一个换行符
\r	匹配一个回车符
\t	匹配一个制表符
\b	匹配一个单词边界，也就是指单词和空格间的位置。例如，'er\b'可以匹配"never"中的'er'，但不能匹配"verb"中的'er'
\B	匹配非单词边界。'er\B'能匹配"verb"中的'er'，但不能匹配"never"中的'er'
[0-9]	匹配任意数字，等同于[0123456789]
[^0-9]	匹配除了数字之外的字符
[a-z]	匹配任意小写字母
[A-Z]	匹配任意大写字母
[abc]	字符集合，匹配所包含的任意一个字符
*	匹配前一个字符 0 次或无限次
+	匹配前一个字符 1 次或无限次
?	匹配前一个字符 0 次或 1 次
{m}	匹配前一个字符 m 次
{m,n}	匹配前一个字符 m 次至 n 次
^	匹配字符串开头
$	匹配字符串末尾
x|y	匹配 x 或 y
[^..]	不在[]中的字符：[^abc]匹配 a、b、c 之外的字符

2.5.2　常用的正则表达式

　　编写正则表达式就是通过表 2-12 中的元字符进行组合，组合一个有意义的表达式去进行筛选过滤，过滤后的结果就是我们所需要的结果。看似编写的过程有些困难，但是其实大多情况下通用的正则表达式无须反复编写。

　　例如，A 网站和 B 网站都需要对用户的身份证号码进行验证，那么你说它们验证的条件是否一致？只要在中国，那么这种通用的规则肯定是一致的（比如身份号码 18 位、手机号码 11 位数字等），所以 A 网站和 B 网站无须每个人都动手去思考编写这个正则表达式，可以直接使用其他人写完的。表 2-13 罗列的一些实际应用中较为常见的正则表达式。

表 2-13　常用表达式

表达式	描述
^[1-9]\\d{5}[1-9]\\d{3}((0\\d)|(1[0-2]))(([0|1|2]\\d)|3[0-1])\\d{3}([0-9]|X)$	校验身份证号码
^(13[0-9]|14[5|7]|15[0|1|2|3|5|6|7|8|9]|18[0|1|2|3|5|6|7|8|9])\\d{8}$	校验手机号码
^[a-zA-Z0-9_-]{4,16}$	校验用户名 4 到 16 位（字母，数字，下画线，减号）
^([A-Za-z0-9_\-\.])+\@([A-Za-z0-9_\-\.])+\.([A-Za-z]{2,4})$	校验 Email 邮箱
^[a-z]+$	由 26 个小写英文字母组成的字符串
\d{3}-\d{8}|\d{4}-\d{7}	国内电话号码

2.5.3　re 模块

　　在任何编程语言中都有正则表达式，例如 JS、Java、C#等。Python 自 1.5 版本起增加了 re 模块，拥有了全部的正则表达式功能。

　　re 模块使用正则表达式有如下两种方法：

　　【方法一】　使用 re.compile(r, f)方法生成正则表达式对象，然后调用正则表达式对象的相应方法。这种做法的好处是生成正则对象之后可以多次使用。

　　【方法二】　re 模块中对正则表达式对象的每个对象方法都有一个对应的模块方法，唯一不同的是传入的第一个参数是正则表达式字符串。此种方法适合于只使用一次正则表达式。

　　也许你没有太搞懂如何使用代码来使用和编写正则表达式，不用着急，来一个小练习热一下身，在练习中，会通过两种使用方法完成练习。

小练习：找出字符串"a11b22c33"中的数字

 1 导入 re 模块。

想要使用正则表达式，第一步先需要引入 re 模块。re 模块为 Python 中的内置模块，所以无须单独安装，直接导入即可，具体代码如下（一般编程习惯性将导入语句放在文件顶部编写）：

```
>>> import re #第一步引入 re 模块
```

 2 准备待匹配的字符串。

也就是所编写的正则规则要作用于哪个字符串上：

```
>>> str="a11b22c33" #待匹配的字符串
```

 3 re 模块通过两种方法创建正则表达式并完成匹配查询。

【方法一】 使用 re.compile(r, flag)方法生成正则表达式对象，参数 r 表示所编写的正则表达式，flag 为可选参数，表示匹配模式（可选值如 re.I 忽略大小写、M 多行模式等）。

接下来分析一下如何找出字符串中的数字，那么表 2-12 中哪个元字符可以表示数字呢？没错，就是"\d"表示一个 0-9 的数字，+表示匹配一次或无限次，具体代码如下：

```
>>> m=re.compile("\d+")
```

代码中 m 为 compile()方法生成的正则表达式对象,这个对象提供了很多方法用于匹配查找,这里使用 findall()进行匹配,即通过 m.findall()完成,具体代码如下:

```
>>> print(m.findall(str))
['11', '22', '33']
```

这就完成了一个简单的正则编写，运行程序可以发现输出结果为["11","22","33"]。

【方法二】 直接通过 re 模块进行方法调用，正则表达式不变。具体代码如下：

```
>>> import re
>>> str="aa11bb22cc33"
>>> result=re.findall("\d+",str)
>>> print(result)
['11', '22', '33']
```

通过观察输出结果发现两种方法都可以完成同样的操作，区别在于使用 compile()构建正则表达式可以多次使用，而直接通过 re 方法只能一次使用。

2.5.4　贪婪模式和非贪婪模式

首先再来看一下上一节中的代码：

```
>>> import re
>>> str="a11b22c33"
>>> m=re.compile("\d+")
>>> print(m.findall(str))
['11', '22', '33']
```

有没有疑问输出结果为什么是 ['11' '22' '33'] 而不是['1' '1' '2' '2' '3'] ?这个是正则表达式中的贪婪模式，光听名字就知道是一个贪婪的家伙（见图 2-34），尽可能多地匹配。非贪婪模式就是尽可能少地匹配。在 Python 中，数量词默认是贪婪的（在少数语言中也可能是非贪婪的），在"*","?","+","{m,n}"后面加上？，可以使贪婪变成非贪婪。

图 2-34　贪婪模式

如果不想要贪婪模式，需要让"\d+"采用非贪婪匹配（尽可能少地匹配），在"\d+"后面加一个？（表示匹配前一个字符 0 次或 1 次）就可以让"\d+"采用非贪婪匹配。下面看一下修改后代码：

```
import re
str="a11b22c3"
m=re.compile("\d+?")
print(m.findall(str)) #输出['1', '1', '2', '2', '3']
```

执行修改后的代码得到结果为['1', '1', '2', '2', '3']，这就完成了从贪婪到非贪婪的蜕变。

2.5.5　常用方法

前面对于如何执行正则表达式进行匹配查找讲解了两种方式（re.方法名称()和m=re.compile();m.方法名称()）。在 re 模块中提供了一系列方法对文本进行匹配查找，下面进行详细介绍。（compile()返回的正则表达式对象所支持的方法，re 模块也同样支持，所以下面以 compile()返回的对象为例来进行方法说明。）

【方法一】

search()：用于在字符串内查找匹配，只要找到第一个匹配然后返回即可，如果字符串没有匹配，就返回 None。示例代码如下：

```
>>> import re
>>> str="a11b22c3"
>>> m=re.compile("\d+")
>>> print(m.search(str))
<_sre.SRE_Match object; span=(1, 3), match='11'>
```

上述代码中，虽然正则表达式规则没有变化，但是输出结果为 11，因为 search()方法匹配成功一项就返回了，不会再进行后续匹配。

【方法二】

findall()：用于遍历匹配，可以获取字符串中所有匹配的字符串，返回一个列表。示例代码如下：

```
>>> import re
>>> str="a11b22c3"
>>> m=re.compile("\d+")
>>> print(m.findall(str))
['11', '22', '3']
```

findall()方法是对于整个字符串进行匹配，最后将所有匹配成功项以列表形式进行返回输出 ['11','22','33']。

【方法三】

match()：只匹配字符串的开始，如果字符串开始不符合正则表达式，则匹配失败，函数返回 None。示例代码如下：

```
>>> import re
>>> str="a11b22c3"
>>> m=re.compile("\d+") #str 为待匹配的字符串，第一个参数是起始位置，第二个是字符串
长度，从 1 开始，长度为 3
>>> print(m.match(str,1,3))
<_sre.SRE_Match object; span=(1, 3), match='11'>
```

match()和 search()方法很像，区别在于 search()方法是匹配整个字符串，直到找到一个匹配。

【方法四】

split(string[,maxsplit])：按照能够匹配的子串将 string 分割后返回列表。示例代码如下：

```
>>> import re
>>> str="aa1bb2cc3dd4"
>>> m=re.compile("\d+")
>>> list=m.split(str)
>>> print(list)
['aa', 'bb', 'cc', 'dd', '']
>>> list1=m.split(str,2)
>>> print(list1)
['aa', 'bb', 'cc3dd4']
```

上述代码通过正则表达式对字符串进行分割，其中 split()函数中可选参数 maxsplit 为最大的分割次数。通过观察两次输出结果分析可以得知，加上 maxspilt 指定后，在分割次数等于设置次数时停止继续分割。

【方法五】

sub()：使用 re 替换 string 中每一个匹配的子串后返回替换后的字符串。示例代码如下：

```
>>> import re
>>> str="aa1bb2cc3dd4"
>>> m=re.compile("\d+")
>>> result=m.sub('*',str)
>>> print(result)
aa*bb*cc*dd*
```

上述代码中使用 sub()方法将正则匹配成功的数字项替换为*。

2.6　小结

本章主要是快速熟悉 Python 的编码习惯和基础语法，也获得了很多字符串方法。现在你并不需要全部记住它们，但是在后面的开发过程中会不断使用。编写正则表达式是一个积累的过程，建议尝试着多看多写。

2.7　编程练习

本小节的收尾是两道连线题，凭借着自己的理解正确连线。（也有可能会出现扩展的方法，需要查阅资料解决。）

连线题一：匹配正确的数据类型。

将数据类型正确连线到变量

name="慢羊羊"   dictionary

age=18   list

hobby=["吃草","唱歌"]   **string**

detail={"name":"慢羊
羊","age":18,"address":"羊村6号"}   number

图 2-35　连线练习题 1

连线题二：找到正确的字符串方法。

正确连线匹配的字符串方法

将首字母转换为大写   upper()

将字符串按照指定的方法分割   len()

如何获取字符串长度   replace()

将字符串全部转换为大写   split()

字符串中的替换方法   capitalize()

图 2-36　连线练习题 2

第 3 章

Python 数据结构

本章我们将围绕列表、元组、字典三大数据结构进行讲解，并一起来进行详细剖析。

3.1 列表

列表是最常用的 Python 数据类型，可以作为一个方括号内的逗号分隔值出现。列表的数据项不需要具有相同的类型。

3.1.1 定义专属列表

创建一个列表，只要用逗号分隔不同的数据项，使用方括号括起来即可，例如：

```
>>> list = ['Google', 'Baidu', 1997, 2000];
```

list 为定义的变量，赋值为列表，可以通过上面的代码发现列表中的元素类型并不要求一致，多个元素直接通过逗号进行分隔即可。

3.1.2　访问列表元素

列表中所有的元素都是有编号的，从 0 开始递增。我们生活中的很多东西也都是按照递增的方式编号的，比如排队、学号等。列表可以通过索引访问元素，索引是正数则从列表左边开始访问，从 0 开始依次递增（见图 3-1），索引为负数时表示从列表右边开始访问（注意索引为负数时最右边第一个元素对应的索引不是-0，是从-1 开始递增）。

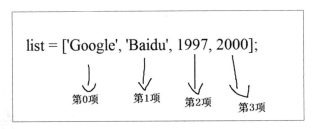

图 3-1　列表对应下标

访问列表中元素值的语法是：value=列表名称[索引]。通过图 3-1 可以很直观地发现"Google"对应的索引为 0，可以通过以下代码获取到值：

```
>>> list = ['Google', 'Baidu', 1997, 2000];
>>> print(list[0])  #通过下标进行访问
Google
```

print 输出结果为 Google。在通过索引获取元素时一定要注意填写正确，下面来看一个异常情况：

```
>>> list = ['Google', 'Baidu', 1997, 2000];
>>> print(list[4])
Traceback (most recent call last):
  File "<stdin>", line 1, in <module>
IndexError: list index out of range
>>>
```

代码中索引值为 4，列表中的元素确实有 4 个，但是因为索引要求从 0 开始计数，所以在这个列表中索引值最高为 3，填写错误的索引运行时会报 IndexError 的异常，提示索引超出范围。在后续的编程中一定要注意填写正确的索引值。

3.1.3　删除列表元素

可使用 pop()函数移除列表中的一个元素（默认会移除最后一个元素），并且返回该元素的值。使用语法是：list.pop(obj=list[-1])。其中 obj 为可选参数，是要移除的列表元素的对象。下面通过示例看一下 pop() 函数的使用方法，具体代码如下：

```
>>> list = ['hello', 'Baidu', 2017, 2000]
>>> delitem=list.pop()
>>> print(delitem)
2000
>>> print(list)
['hello', 'Baidu', 2017]
```

上述代码中，使用 delitem 变量接收返回值为 2000 的元素（删除的元素）。当列表中的元素发生删除操作后，会直接作用到原列表，通过 print 打印 list 即可看到删除后的结果。

如需删除指定索引的元素，可以通过 pop() 函数传递要删除的索引。请看下面的代码实现：

```
>>> list = ['hello', 'Baidu', 2017, 2000]
>>> delitem=list.pop(1)    #指定索引
>>> print(delitem)
Baidu
>>> print(list)
['hello', 2017, 2000]
```

上述代码完成了 pop() 函数指定索引元素的删除。

3.1.4　更新列表元素

更新列表元素的步骤是，首先找到要修改的元素，然后进行更改，即获取到元素之后进行重新赋值即可。下面来看一个步骤图（见图 3-2）。

```
list = ['hello', 'Baidu', 2017, 2000]


步骤一：list[0] -> 对应的值为hello


步骤二：list[0]=20

步骤三：print(list)
```

图 3-2　步骤图

先找到要修改的元素，接着进行修改赋值，最后打印改变后的列表，代码实现如下：

```
>>> list = ['hello', 'Baidu', 2017, 2000]
>>> print("更新前: ",list)
更新前: ['hello', 'Baidu', 2017, 2000]
```

```
>>> list[0]=20  #20 为要更新的值
>>> print("更新后: ",list)
更新后: [20, 'Baidu', 2017, 2000]
```

注意，不能更新一个不存在的元素，即索引值要在正确的范围内。

3.1.5　分片操作

在列表中如需访问元素，可以通过索引进行单个元素的访问；如需访问指定范围内的元素，单个索引则无法完成，这时可以使用分片来完成。Python 3 的切片非常灵活，可以很方便地对有序序列进行分片操作。

首先看一下分片的语法：

[start_index : end_index : step]

- start_index 表示起始索引。
- end_index 表示结束索引。
- step 表示步长，不能为 0，且默认值为 1。

分片操作截取从起始索引到结束索引但不包含结束索引（也就是结束索引减 1）的所有元素。

分片不会改变原对象，而是重新生成了一个新的对象，分片返回的结果类型与原对象类型一致。python 3 支持切片操作的数据类型有 list、tuple、string、unicode、range。

小练习

| 0 | 1 | 2 | 3 | ← 整数索引 |

list = ['hello', 'Baidu', 2017, 2000]

| -4 | -3 | -2 | -1 | ← 负数索引 |

需求：要求使用分片操作后得到的新列表内容为 ["Baidu",2017]

图 3-3　索引练习题

先来分析一下，使用分片操作时起始索引和结束索引，图 3-3 中要求得到 ["Baidu",2017]，其中"Baidu"对应的索引为 1、2017 对应的索引为 2。这里有一个坑点需要注意，分片操作截取时不包含结束索引，也就是如需获取 2017，在指定索引时，需要向右一个索引，来看一下代码：

```
>>> list = ['hello', 'Baidu', 2017, 2000]
>>> newlist=list[1:3]
>>> print(list)
['hello', 'Baidu', 2017, 2000]
>>> print(newlist)
['Baidu', 2017]
```

上述代码中，list[1:3]表示要从索引为 1 开始截取到索引为 3 结束（注意不包含索引 3），最后得到结果["Baidu", 2017]。

分片的操作非常灵活，来感受一下不同的分片写法：

```
>>> list = ['hello', 'Baidu', 2017, 2000]
>>> newlist=list[:3]
>>> print(list)
['hello', 'Baidu', 2017, 2000]
>>> print(newlist)
['hello', 'Baidu', 2017]
```

在上述代码中，list[:3]表示的意思为从索引为 0 开始截取到索引为 3 结束（注意不包含结束索引），最后截取后的结果输出为 ['hello', 'Baidu', 2017]。

如果修改为 list[3:]，从索引为 3 开始截取，一直到最后，来看一下代码：

```
>>> list = ['hello', 'Baidu', 2017, 2000]
>>> newlist=list[3:]
>>> print(list)
['hello', 'Baidu', 2017, 2000]
>>> print(newlist)
[2000]
```

在访问列表中的元素时索引除了可以使用正整数以外还可以使用负数进行索引，分片操作也是如此。接下来看一下使用负数进行索引的切片操作，代码如下：

```
>>> list = ['Google', 'Baidu', 1997, 2000];
>>> print(list[:-1])
['Google', 'Baidu', 1997]
>>> print(list[-1:])
[2000]
```

通过前面的代码示例我们已经了解了分别使用正数索引、负数索引完成切片的效果。Python 的切片操作非常灵活、强大、简洁、优雅，如果能全面掌握和正确运用，那么你编写 Python 代码的水平会有很大提升。

3.1.6　列表常用方法

Python 对列表提供了一系列操作方法，包括插入、删除等。

【方法一】

append()方法：用于在列表末尾添加新的对象，见图 3-4。

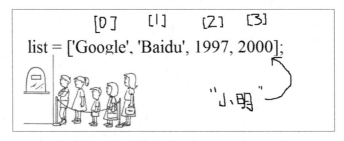

图 3-4　append

append()方法和平时生活中排队一样，如果来了一个新人，在队伍中也要排在最后一个，列表中想要追加一个新的元素，那么这个元素也会待在列表的末尾。示例代码如下：

```
>>> list = ['Google', 'Baidu', 1997, 2000];
>>> list.append("小明")
>>> print(list)
['Google', 'Baidu', 1997, 2000, '小明']
```

【方法二】

insert()方法：将对象插入到列表，见图 3-5。

图 3-5　insert

如果 append()是生活中理想化的排队，那么 insert()就像是插队。在列表中使用 insert()进行"插队"操作，其实就是根据你指定的索引进行插入。示例代码如下：

```
>>> list = ['Google', 'Baidu', 1997, 2000];
>>> list.insert(2,"小明")
>>> print(list)
['Google', 'Baidu', '小明', 1997, 2000]
```

原来索引为 2 的元素"1997"被挤到了后面，新来的"小明"待在了索引为 2 的位置，这就是使用 insert 操作后的结果。insert()和 append()都能帮助我们完成添加的操作，要根据具体的需求来选择使用哪一个。

【方法三】

reverse()方法：反转列表中的元素，见图 3-6。

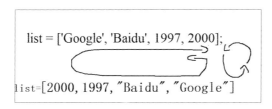

图 3-6　reverse

反转就是将列表中的元素进行反向排序。reverse()方法没有返回值，直接作用于原数组。我们来看一下代码：

```
>>> list = ['Google', 'Baidu', 1997, 2000];
>>> list.reverse()
>>> print(list)
[2000, 1997, 'Baidu', 'Google']
```

【方法四】

index()方法：从列表中找出某个值第一个匹配项的索引位置，见图 3-7。

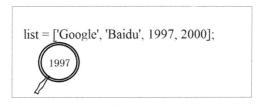

图 3-7　index

对列表的操作都离不开索引，如果不知道索引就会有些麻烦。index()方法可以根据提供的参数在列表中进行查找，并返回它所在的索引。示例代码如下：

```
>>> list = ['Google', 'Baidu', 1997, 2000];
>>> number=list.index(1997)
>>> print(number)
2
```

指定的索引如果没有找到就会报出异常："ValueError:xx is not in list"。当列表中存在多个匹配的元素时，index()方法只会返回第一个匹配成功的元素所在的索引。

3.2 元组

元组和列表概念上其实是一样的，两者最大的区别是元组一旦创建就不能修改，而列表则可以修改。创建元组的语法很简单：如果用逗号分隔了一些值，就会自动创建元组。例如：

```
>>> 1,2,3
(1,2,3)
```

输入 "1,2,3"，回车后可以发现输出成了(1,2,3)，而元组的定义也正是使用()小括号来完成的，即上面的代码自动创建了一个元组。

3.2.1 创建元组

元组创建使用小括号，列表使用方括号，这点不要弄混。下面来看一下元组的几种创建方式：

```
>>> tup1 = ('zhangsan', 'lisi', 'wangwu', 'zhaoqi' )
>>> tup2 = ('zhangsan', 'lisi', 2017, 1997)
>>> tup3 = 'zhangsan', 'lisi', 2017, 1997
```

上述代码中就是创建元组的三种方法，这里分别创建了三个元组 tup1、tup2、tup3 并进行了赋值，在后续的代码中就可以直接使用了。

3.2.2 访问元组

元组定义好之后，就可以进行基本操作了。这里首先介绍如何访问元组的元素。

元组中的元素也可以使用索引进行访问，索引从 0 开始。可以使用负数索引、切片操作，同列表一样，例如：

```
>>> tup2 = ('zhangsan', 'lisi', 2017, 1997)
>>> print(tup2[0])
```

```
zhangsan
>>> print(tup2[-2])
2017
>>> print(tup2[1:])
('lisi', 2017, 1997)
```

上述代码分别使用索引和切片进行元素访问。

3.2.3 修改元组

前面重点给大家提过醒，元组中的元素值是不允许修改的，如果强制赋值，修改运行会得到异常信息"TypeError: 'tuple' object does not support item assignment"。示例代码如下：

```
>>> tup2 = ('zhangsan', 'lisi', 2017, 1997)
>>> tup2[0]="lisi"
Traceback (most recent call last):
  File "<stdin>", line 1, in <module>
TypeError: 'tuple' object does not support item assignment
>>>
```

代码中定义了元组 tup2，并通过索引取值，试图修改索引为 0 的元素值，回车后即可看见异常信息，提示元组无法修改。

虽然无法修改元组中的值，但是可以对元组进行连接组合，例如：

```
>>> tup1=("hello","tuple")
>>> tup2 = ('zhangsan', 'lisi', 2017, 1997)
>>> print(tup1+tup2)
('hello', 'tuple', 'zhangsan', 'lisi', 2017, 1997)
```

分别定义元组 tup1 和 tup2，使用+号进行拼接，将拼接后的结果输出即得到两个元组的值在一起。

3.2.4 删除元组

元组中的元素是不允许删除的（见图 3-8）。因为删除了其中的元素，也就改变了元组。虽然无法删除元组中的元素，但是可以使用 del 语句删除整个元组，例如：

```
>>> tup1=("hello","tuple")
>>> print(tup1)
('hello', 'tuple')
>>> del tup1
>>> print(tup1)
```

```
Traceback (most recent call last):
  File "<stdin>", line 1, in <module>
NameError: name 'tup1' is not defined
```

上述代码使用 del 语句删除了元组 tup1，之后 tup1 将不存在，这时通过 print 打印 tup1 的值就会报出异常，提示 tup1 并不存在。

图 3-8　元组中元素不可以删除

3.2.5　元组的内置函数

为了更加方便我们的操作，Python 元组提供了一些内置函数（见图 3-9），包括计算元组中的元素个数、最大值、最小值、列表转换为元组等。下面来看一些常用的方法。

图 3-9　元组内置函数

【方法一】

len()：用于计算元组元素个数。例如：

```
>>> tup1=("hello","tuple")
>>> print(len(tup1))
2
```

【方法二】

max()：用于返回元组中元素最大值。例如：

```
>>> tup1=(11,44,77)
>>> print(max(tup1))
77
```

【方法三】

min()：返回元组中元素最小值。例如：

```
>>> tup1=(11,44,77)
>>> print(min(tup1))
11
```

【方法四】

tuple ()：将列表转换为元组。例如：

```
>>> list=["zhangsan","lisi",1997]
>>> tup1=tuple(list)
>>> print(tup1)
('zhangsan', 'lisi', 1997)
>>> print(type(tup1))
<class 'tuple'>
```

3.3　字典

上学的时候我们一定都使用过字典，通过偏旁部首找到需要的内容，那么在程序中也有字典的体现。字典是一种 key - value 的数据类型，相比较前面的列表，可以通过下标按顺序取值。字典中的内容是无序的，取值也是通过 key（键）来完成的。键可以是数字、字符串甚至元组。

3.3.1　定义字典

字典的每个键值 key=>value 对用冒号 "：" 分隔，每个键值对之间用逗号 "，" 分隔，整个字典包括在花括号 {} 中。字典的定义语法如下：

```
dict={key1:value1,key2:value2…}
```

其中 dict 为指定的字典名称。

 要特别注意的是字典中的 key（键）必须唯一，不能重复。

接下来动手定义一个字典，示例代码如下：

```
>>> dict={"name":"小明", "tel":"077-12798927"}
```

看，我们这样就很简单地描述出了小明及它对应的电话号码，当然你有其他的信息可以继续写，通过逗号进行分隔。

3.3.2　获取字典里的值

字典定义完成后，应该如何获取到里面存储的值呢？首先明确一点，字典中无法像列表一样通过下标进行取值，字典是无序的。在字典中 key（键）唯一，可以通过 key 找到对应的 value。示例代码如下：

```
>>> dict={"name":"小明", "tel":"077-12798927"}
>>> print(dict["name"])
小明
```

上述代码通过字典名称[key]完成取值，输出 key（key="name"）对应的 value 值，输出结果即将对应的"小明"显示出来。

根据 key 获取 value 使用[key]的方式外，还可以使用字典中提供的 get()方法来完成获取，示例代码如下：

```
>>> dict={"name":"小明", "tel":"077-12798927"}
>>> print(dict.get("name"))
小明
```

代码中将 key 值传入 get()方法内，同样完成利用 key 取对应的 value 值效果。

3.3.3　删除字典元素

如果我们想要对已经存在的字典内容进行处理，可以有以下几种方式。

【第一种】　通过字典提供的 clear()方法，可以清空字典内的全部元素。

```
>>> dict={"name":"小明", "tel":"077-12798927"}
>>> dict.clear()
>>> print(dict)
{}
```

【第二种】　通过指定 key 进行有针对性的删除。

```
>>> dict={"name":"小明", "tel":"077-12798927"}
>>> print("删除前：",dict)
删除前： {'name': '小明', 'tel': '077-12798927'}
>>> dict.pop("name")
'小明'
>>> print("删除后：",dict)
删除后： {'tel': '077-12798927'}
```

【第三种】　通过字典提供的.popitem()直接删除末尾的元素。

```
>>> dict={"name":"小明", "tel":"077-12798927"}
>>> print("删除前: ",dict)
删除前: {'name': '小明', 'tel': '077-12798927'}
>>> dict.popitem()
('tel', '077-12798927')
>>> print("删除后: ",dict)
删除后: {'name': '小明'}
```

3.3.4　更新字典里的值

更新的过程其实可以理解为两步，先是获取字典的值（通过字典名称[key]），然后修改赋值，示例代码如下：

```
>>> dict={"name":"小明","tel":"077-12798927"}
>>> print("修改前: ",dict)
修改前: {'name': '小明', 'tel': '077-12798927'}
>>> dict["name"]="小红"
>>> print("修改后: ",dict)
修改后: {'name': '小红', 'tel': '077-12798927'}
```

通过观察修改前后的 dict 内容，可以发现已经顺利地修改成功。除了上面的这种更新方式，我们还可以利用字典提供的 update()方法来完成，示例代码如下：

```
>>> dict={"name":"小明", "tel":"077-12798927"}
>>> print("修改前: ",dict)
修改前: {'name': '小明', 'tel': '077-12798927'}
>>> dict.update({"name":"小红"})
>>> print("修改后: ",dict)
修改后: {'name': '小红', 'tel': '077-12798927'}
```

3.3.5　字典的常用方法

前面几个小节接触了字典中的一些方法，比如 get()、update()等，接下来继续看看字典中还有哪些不为人知的方法。

【方法一】　获取字典中全部 key。

对于字典的取值操作，除了通过 key 一个一个来取以外，还可以通过方法来获取。在字典中，keys()函数以列表返回一个字典所有的键，使用语法为 dict.keys()。例如：

```
>>> dict={"name":"小明","tel":"077-12798927"}
>>> print(dict.keys())
dict_keys(['name', 'tel'])
```

【方法二】 获取字典中全部 value。

除了获取全部 key，还可以获取全部 values 值。字典中 values() 函数以列表返回字典中的所有值，使用语法为 dict.values()。例如：

```
>>> dict={"name":"小明","tel":"077-12798927"}
>>> print(dict.values())
dict_values(['小明', '077-12798927'])
```

【方法三】 获取字典中全部元素。

字典中 items() 函数以列表返回可遍历的(键, 值) 元组数组，使用语法为 dict.items()。例如：

```
>>> dict={"name":"小明","tel":"077-12798927"}
>>> print(dict.items())
dict_items([('name', '小明'), ('tel', '077-12798927')])
```

3.4　小结

本章主要介绍了 Python 重要的内置数据结构：列表、元组、字典，包括如何使用及其常用方法。后续在实际操作中你会经常和它们打交道。

3.5　编程练习

本小节的收尾是一道问答题。通过前面的学习，请你在下方的空白处写下所总结的列表、元组、字典的对比。

第4章

分支和循环

本章将通过一组猫和老鼠的故事来引导大家快速地掌握 Python 的分支语句和循环语句，快来一起进入猫和老鼠大作战吧！

4.1　教你指挥计算机：流程控制

分支语句又称为流程控制语句。计算机其实是比较傻的（见图 4-1），如果你不告诉它该怎么执行，它会从第一行按照顺序一行一行执行，但是程序都是有业务逻辑的，那该怎么做？分支语句 if 就是指挥计算机应该怎么执行代码的。

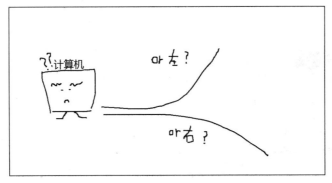

图 4-1　计算机不知道是左还是右

4.1.1　if 分支语句基础语法

首先来看一下 if 分支语句的基础语法：

```
if 判断条件:
    执行语句 1 号
else:
    执行语句 2 号
```

通过上述语法结构来解读分支语句的执行过程，首先进入 if 的判断条件（由一个或多个表达式组成），返回值为布尔类型（True 或 False）。当判断条件成立的时候（例如 1==1，很明显是成立的），返回 True，计算机执行语句 1 号；当条件不成立的时候（如 1>2）执行语句 2 号。

（1）if 可以没有 else 单独存在，但是 else 不能没有 if 单独存在。

（2）初次编写分支语句代码的同学经常会丢掉结束位置的冒号，小细节要注意。

4.1.2　通过猫和老鼠秒懂 if 真谛

和所有猫和老鼠的关系一样，我们的主人公 TOM 猫也是一只和老鼠斗智斗勇的猫，先来解读下图 4-2，非常符合整个故事的精髓：剧情开始，TOM 猫如果想吃老鼠，就想办法抓老鼠，如果不想吃就休息一天。

理解了的话，考虑一下该如何用代码实现图 4-2 中的效果。使用分支语句的第一步是要找出"判断条件"，在图 4-2 中，TOM 猫是否想吃老鼠就是一个关键的"判断条件"，程序会根据这个判断条件的结果做出不同的动作。下面来跟着我动手操作一下（首先创建 test.py 文件，在文件中编写如下代码）：

```
result=input("TOM 猫是否想吃老鼠：")          #接收用户的输入
if result=="想吃":                            #判断条件
```

```
    print("使出浑身解数抓老鼠")          #条件成立时执行的语句
else:
    print("放假休息一天")              #条件不成立时执行的语句
```

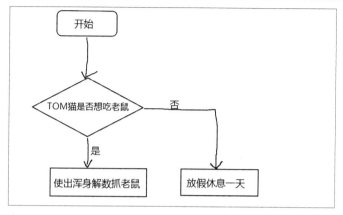

图 4-2　TOM 猫是否想吃老鼠

代码中通过 Python 内置的 input()函数接收用户的输入，返回值为用户填写的内容。if 分支语句的判断条件为用户填写的内容是否等于"想吃"，匹配成功后则输出"使出浑身解数抓老鼠"。这时来运行一下，注意要输入"想吃"才能匹配成功，否则的话都会输出放假休息一天。

4.1.3　复杂的 if 分支嵌套

分支语句有可能单枪匹马地出行，也有可能三五成群，比如说，嵌套分支，大概理解一下就是一个大的分支语句内容包含一个小分支。

接着用上面 TOM 猫抓老鼠的例子来补充。故事中有一个叫"Jerry"的老鼠，凭借着它的聪明才智总能逃脱 TOM 的追捕。动手来给刚刚的剧情再补充点"黑幕"进去。

老规矩，先解读一下图 4-3。保留剧情还是从 TOM 猫想吃老鼠开始，那么 TOM 到底抓没抓到老鼠呢？显然抓到了，但是有一个问题出现了，要判断 Jerry 有没有被抓到。

如果 Jerry 也被抓到，Jerry 想到办法，成功逃离；如果 Jerry 没有被抓到，Jerry 来解救其他老鼠。解救也有成功和失败之说，解救成功，则集体成功逃离；解救失败，Jerry 也被抓到了，继续上次的过程。

理解了的话考虑一下该如何用代码实现图 4-3 的效果，这次条件又多了两个，分别是"Jerry 有没有被抓到"和"Jerry 来解救是否成功"，具体代码如下：

```
result=input("Jerry 有没有被抓到？")      #接收用户的输入
if result=="是":                        #判断条件
    print("想到办法")                    #条件成立时执行的语句
    print("成功逃离")
```

```
else:
    print("Jerry 来解救其他老鼠")              #条件不成立时执行的语句
    result1=input("Jerry 解救是否成功？")      #接收用户的输入
    if result1=="是":                          #判断条件
        print("成功逃离")
    else:
        print("解救失败，Jerry 也被抓到")
```

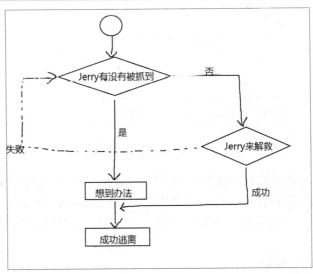

图 4-3　Jerry 解决其他老鼠

执行上面的代码，首先判断"Jerry 有没有被抓到"（接收用户输入），用户输入"是"后即成功逃离，否则的话进入下一个分支，判断"Jerry 解救是否成功"，当用户输入"是"时即成功逃离，否则解救失败，Jerry 也被抓到。

通过上面的代码可以发现，在 else 中又出现了 if…else 语句，这就是嵌套分支。

 理论上来说，嵌套分支可以一直嵌套，但是一般我们不建议超过 3 层嵌套。

4.1.4　多分支的出现

if 分支就像变形金刚一样，形态多变，可供你任意组合，elif 等同于其他语言中的 else if 的简写版。多分支语句结构如下：

```
if 判断条件：
        执行语句 1
elif 判断条件：
```

```
            执行语句 2
elif 判断条件：
            执行语句 3：
    …
```

<hr/>

小练习

我们来对机智的小老鼠们做个小测试，看看被 TOM 猫抓到后的反应。

```
mouse=input("TOM 猫抓到了哪只老鼠:")
if mouse=="Jerry":
    print("发挥机智，成功逃离")
elif mouse=="小白鼠":
    print("等待 Jerry 来解救")
elif mouse=="小黑鼠":
    print("吃饱了再哭")
```

使用变量 mouse 来接收用户输入的小老鼠名称，接下来的 if 和 elif 就是一个多分支的体现，即代码的执行过程是先从 if 开始判断条件是否成立，如果不成立，就进入下一个 elif 中判断条件是否成立，假设用户输入的是"小白鼠"，程序则输出"等待 Jerry 来解救"，程序结束，后续的 elif 语句不会再进行判断。

<hr/>

4.2　教你指挥计算机：循环语句

Python 编程中的 while 语句用于循环执行程序，即在某条件下循环执行某段程序，以处理需要重复处理的相同任务。

4.2.1　"最早的"循环

循环是什么意思？意思就是重复/反复做某一个操作，比如老师让你抄写 100 遍单词，那么你的动作就是抄写单词，100 遍是你要循环的次数。

给大家讲一个小故事，你一定听过，"从前有座山，山里有座庙，庙里有个老和尚在讲故事，在讲什么呢？从前有座山，山里有座庙，庙里有个老和尚在讲故事，在讲什么呢？从前有座山……"（见图 4-4）一不小心发现了一个惊天秘密，原来这竟然是出现"最早的"一个循环。

图 4-4　老和尚讲故事

4.2.2　while 循环

while 循环的基础语法结构如下：

```
while 循环条件：
        循环体
```

循环条件是一个表达式，返回结果是一个布尔类型，true 或 false，当循环条件成立的时候会反复执行循环体，条件不成立时则不再执行。

下面来做一个动手小练习，打开电脑，敲上下面的代码（提前创建好.py 文件，在文件中编写运行）：

```
while True:
        print("呦嚯嚯")
```

写好以后来运行一下，看有什么反应，是不是"呦嚯嚯"一直在不断地打印？为什么？不要着急关闭，等 5 秒钟，再看一下，有的电脑编辑器已经无法响应了，你可以从任务管理器中结束进程来关闭。不要担心，刚刚带着大家写了一个死循环，但不见得是不好的体验。

图 4-5　为什么出错了

代码中 while 的循环条件直接写了一个 True，即永远为真，循环条件成立，循环体就会反复执行，于是一个死循环就诞生了。当然这是我们后续编程中一定要注意避免的。

坑 点 不要编写死循环，在循环体内一定要有改变循环条件的值或者终止循环的语句。

小练习

给你 1 秒钟告诉我 1~100 的和是多少？思考一下，动手编写如下代码：

```
#定义全局变量，初始值为 0
sum=0
i=0
#设置循环条件，当循环小于 100 时执行，否则跳出循环（因为此处循环初始从 0 开始，所以小于
100）
while i<100:
    sum+=i
        i=i+1    #注意：在循环体内一定要有改变循环条件的值
print("1~100 的和为",sum)
```

代码中循环条件为 i<100，在循环体内 i 的值一直在进行累加，每次执行都会改变循环条件，防止出现了死循环，同时变量 sum 初始值为 0，在循环体内进行赋值，完成了从 1 加到 100 的过程，在循环的外面打印出 sum（总和）。

热身之后，一起来考虑一个 TOM 猫的问题。TOM 身为一只聪明机智的猫，怎么会在 Jerry 的黑幕下一次次失败。

通过观察图 4-6，发现一个很关键的信息，就是怒气值大于等于 3 的时候才会爆发抓到 Jerry，否则只能抓到其他老鼠。下面用代码来表示一下：

```
rage=0;  #怒气值
#怒气值小于 3 时继续循环增加怒气
while rage <3:
    rage = rage + 1
    print("怒气值为"+str(rage))
if rage ==3:
    print("怒气值够了抓到Jerry")
```

代码中每循环一次，怒气值累加 1，当怒气值等于 3 的时候，循环条件不成立，不再进行循环操作，在 if 分支判断条件中，当怒气值等于 3 时，输出"怒气值够了抓到 Jerry"。

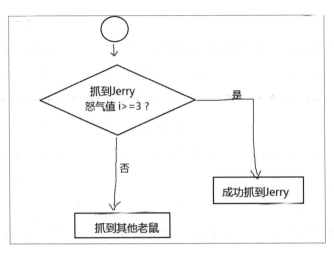

图 4-6　TOM 猫的脾气

4.2.3　for 循环

现在已经获得了一个 while 循环，学习 for 循环就简单了。还是以 TOM 猫为例，TOM 抓老鼠之前，要先数数一共有多少只老鼠，一起来帮它一下。

for 循环语法结构如下：

```
for item in iterable:
    循环体
```

这里的 iterable 表示一个可迭代或者可循环的对象，比如列表、元组、字符串等，都可以放在这里；item 为每一次迭代的内容，名字可以随意起。

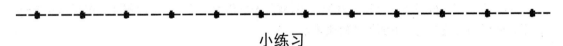

小练习

帮 TOM 猫数数一共有多少只老鼠（见图 4-7）。

图 4-7　小老鼠 team

想要利用 for 循环来做遍历，首先需要定义好的小老鼠列表，代码如下：

```
mouselist=["1 号老鼠","2 号老鼠","3 号老鼠","4 号老鼠"]
#循环输出列表数据
for mouse in mouselist:
    print(mouse)
```

代码完成后，运行来看一下执行结果：已经将列表中的小老鼠名称全部打印出来了。

4.2.4 结束循环 break

循环如果没有结束条件，那么无疑是一个死循环。结束循环的方式除了当循环条件不成立的时候不再执行以外，也可以通过指定的语句手动结束循环。很简单，比如你已经发现当某个条件出现的时候肯定是一个错误的逻辑，就可以马上结束循环。

一般情况下，break 语句会结合分支语句使用。大家都知道 Jerry 就是整个故事里面的"黑幕"，只要它出现，肯定能救出其他老鼠，那么稍微修改一下代码，在点名环境到 Jerry 的时候结束循环，看看会有什么效果。

```
mouselist=["小白鼠","1 号老鼠","Jerry","2 号老鼠"]
for mouse in mouselist:
    if mouse=="Jerry":
        break;
    print(mouse)
```

当代码执行后，进入循环内。if 分支进行条件判断，不成立时输出打印，即一次输出"小白鼠""1 号老鼠"，当第三次进入循环体内后，"Jerry"和判断条件匹配，进入到分支语句内，执行 break 语句，循环结束，最后只输出了"小白鼠"和"1 号老鼠"。

4.2.5 跳出循环 continue

刚刚 break 是结束整个循环，那么 continue 语句则是跳出本次循环，进入下一次循环，同样的代码修改为 continue 看一下效果：

```
mouselist =["小白鼠","1 号老鼠","Jerry","2 号老鼠"]
for mouse in mouselist:
    if mouse=="Jerry":
        continue;
    print(mouse)
```

代码结构只将 break 语句替换为 continue 语句，通过执行结果可以发现，continue 语句所执行的效果是结束本次循环，进入到下一次循环，在输出结果上没有"Jerry"，而"Jerry"后面的"2号老鼠"还是打印了出来，最后输出结果为"小白鼠""1号老鼠""2号老鼠"。

4.3 小结

分支循环结构是程序中最为常见的逻辑操作，在使用上各个语言之间也有很多相似的地方，算是编程的基础功了，一定要彻底弄明白。

4.4 编程练习

本小节的收尾是一道手写编程题（注意手写）。请计算出 100～1000 之间的水仙花数，在下面写出你的代码。（注意编程规范。）

什么是水仙花数（Narcissistic Number）？水仙花数也被称为超完全数字不变数（PluPerfect Digital Invariant, PPDI）、自恋数、自幂数、阿姆斯壮数或阿姆斯特朗数（Armstrong Number）。水仙花数是指一个 n 位数（n≥3），每位数字的 n 次幂之和等于它本身，例如 1^3 + 5^3 + 3^3 = 153。

第 5 章

Python 中的函数

本章将详细介绍 Python 中的函数及其应用，包括递归函数、高阶函数等。

5.1 初识函数

函数是组织好的、可重复使用的、用来实现单一或相关联功能的代码段，能够提高应用的模块性和代码的重复利用率（见图 5-1）。在本书的第 1 章你就已经接触过函数了，print()其实就是 Python 提供的内置函数。

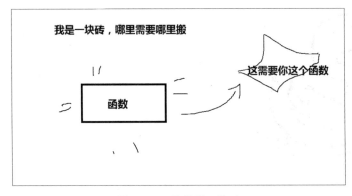

图 5-1 函数就是一块砖

5.1.1 如何定义一个函数

定义函数的语法结构如下：

```
def 函数名():
    函数体
```

其中，def 为定义函数的关键字；函数名符合命名规范即可；小括号里面放的是参数（后面章节会讲到；小括号后面的冒号一定不要丢掉，类似于其他语言里面的大括号；接下来的函数体里面包含想要执行的语句。这样你想要执行的时候不再需要重复的复制粘贴，只需要通过函数名就可以进行访问了。

下面定义一个打招呼的函数，函数体也很简单，只是做一个打印输出：

```
def Sayhi():
    print("hello python")
```

这里定义好了一个函数，名称为 Sayhi，运行后发现并没有什么效果。这是因为我们只完成了函数的定义，并没有进行调用，函数只有真实的调用了才会产生效果，就像你新买了一台电视，它自己并不会播放东西，只有你按下开机键才可以。

5.1.2 函数的使用

函数的调用很简单，只需要函数名称和小括号就可以了。比如前面定义的打招呼方法，调用时只需要 Sayhi()就可以了。完整代码如下：

```
#定义一个函数
def Sayhi（）:
    print("hello python")
Sayhi() #调用 Sayhi（）函数  输出 "hello python"
```

经常有同学定义完函数没有进行调用，这样肯定没有效果。

坑 点

小练习

通过函数的方式来帮小明同学计算一下 1+1 的结果。

```
def Sum():
    print(1+1)
Sum()   #输出 2
```

借助于函数已经可以非常熟练地进行使用。针对上面的小练习，有没有发现什么问题？1+1 可以用 Sum()函数计算出来，那么 2+2、3+3 呢？显然一个函数并不能完成所有的操作，你有什么更好的解决方式吗？

5.2　函数参数

函数完成了代码的封装和复用，效果显而易见，但是问题也出来了，代码都被函数封装好了，那么灵活度必然会降低，我们可以通过参数的方式让函数变得灵活起来。就像数学中的公式一样，只要你把数字填进去，就会根据不同的数字得到不同的结果，见图 5-2。

图 5-2　理解参数

5.2.1 固定参数

定义函数时，在函数名后面的小括号里面放参数列表，多个参数之间用逗号分隔。先看一下带参数的函数定义语法：

```
# 函数定义
def 函数名（形参）:
    函数体

    #函数调用
    函数名（实参）
```

先来理解两个没见过的名词，形参和实参。形参和实参一一对应，形参为定义函数时小括号里面写的名字，用来在函数内部访问的内容；实参的话是调用函数时传递进来的数据这一部分参数。

还拿刚刚的加法为例，想要动态计算，就需要把两个操作数作为参数来进行传递，具体代码如下：

```
def Sum（number1,number2）:
    print(number1+number2)

    Sum（1,1）    #输出 2
    Sum（2,1）    #输出 3
```

改良后的 Sum()函数可以进行所有的加法运算了，只要把要进行运算的操作数传递进去就可以，要是看到这里还是不明白实参和形参的对应关系，我们来看一幅图（见图 5-3）。

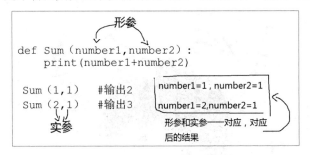

图 5-3 形参和实参的对应关系

5.2.2 默认参数

有时候你需要定义一个函数，让它接受一个参数，而且在这个参数出现或不出现时，函数有不同的行为。默认参数，默认就是指初始值，对应到参数中，就是你没有传递参数，它给你

设置一个初始值代替。就像注册一个网站，当你没有上传头像的时候，都有一个灰色的默认
头像。

图 5-4　理解默认参数

定义默认参数的方式很简单，只需要在形参的位置通过等号赋值即可，来看一下代码：

```
def Sum (number1=10,number2):
    print(number1+number2)
    Sum（1）    #输出 21
    Sum（2,1）   #输出 3
```

在上面的代码中，number1=10 为默认参数，如果你没有传递 number1 对应的参数就取默认
值 10，传入了参数则以传递的为主。为了防止代码出错，加一些默认值也是一个很不错的方式。

5.2.3　关键参数

形参和实参的顺序非常关键，如果一不小心写反了位置，那么对应的值就变了。
举个例子，通过函数来输出用户的信息，具体代码如下：

```
def userinfo(name,age):
    print("姓名: "+name)
    print("年龄: "+age)
userinfo("17","张三三")     #调用函数并传递参数
```

在调用函数传参的时候，不小心写错了位置，把姓名和年龄写反了，这个有什么影响吗？
我们先来看一下输出结果，如图 5-5 所示。

图 5-5　输出结果

名字和年龄完全反了！这是因为形参和实参必须一一对应，所以在传参的时候一定要注意，当然如果不想按照顺序传递，也可以通过关键字参数来解决。所谓关键字参数，其实就是包含参数名称的参数，通过"键-值"形式加以指定。可以让函数更加清晰、容易使用，同时也清除了参数的顺序需求。

现在来尝试修改代码：

```python
def userinfo(name,age):
    print("姓名："+name)
    print("年龄："+age)


userinfo(age="17",name="张三三")
```

运行结果如图 5-6 所示。

图 5-6　输出结果

打印的姓名和年龄完全匹配上了，在代码中即使写错了位置，只需在传递参数时指定参数名称，便能完全解决这个问题。

5.2.4　可变参数

顾名思义，可变参数就是参数的个数是可以变化的（见图 5-7），至于具体多少个，在定义参数的时候小括号里面的形参并不知道，而在调用函数的时候由实参来决定，传递多少个实参，那么参数就是多少个。

图 5-7　参数个数不确定

定义可变参数和普通参数的区别在于，在参数名称的前面加一个*号来表示，在函数内部接收到的可变参数的值类型是一个元组（tuple），在调用函数的时候，不用管参数的个数，直接通过逗号分隔进行传递即可：

```
def userinfo(*arg):
    print(type(arg))
    print(arg)

userinfo("张三三",17,"zhangsansan@163.com")
```

在形参部分只写了一个参数名称，加*表示定义可变参数，在实参部分传了 3 个值进去。运行结果如图 5-8 所示。

图 5-8　运行结果

接收到的参数类型为元组，并且传递的值全部获取到了，当然你想要访问其中某一个的话，就同操作元组的方法一样了（元组名称[索引]）。

5.3　函数的返回值

一只叫 TOM 的猫要去抓老鼠，不管是抓到还是没有抓到肯定会有一个结果。生活中是这个样子，函数中也是一样，你让函数做了某事，希望函数也可以像人一样给你一个反馈（见图 5-9）。

图 5-9　理解函数的返回值

那么，如何从函数内部返回结果？函数体中 return 语句的结果就是返回值。如果一个函数没有 reutrn 语句，其实它有一个隐含的 return 语句，返回值是 None，类型也是 'NoneType'。

通过 return 关键字从函数内部向外返回，在调用函数的时候通过变量接收后进行后续的处理，例如：

```
def GetSum（number1,number2）:
    return number1+number2

    sum=GetSum（1,2）
    print(sum) #输出 3
```

上述代码在 GetSum 函数的内部返回了两个操作数相加的结果，在调用函数时使用变量 sum 接收，将 1+2 的结果返回赋值给变量 sum，打印结果为 3。

return 只能出现一次，写两个 return 的效果就是后面的 return 不会被执行。

5.4　递归函数

如果一个函数在内部调用自身，那么这个函数就是递归函数。递归作为一种算法在程序设计语言中广泛应用。

图 5-10 其实就是一个很好的递归体现。递归有两种调用方式，即直接调用和间接调用，通过两个调用方式来用代码描述图 5-10。直接调用自己，具体代码如下：

```
def say():
    print("吓得我抱起了我的小鲤鱼")
    say() #在函数自身内，调用自己
say() #调用函数，进行触发
```

间接调用自己，具体代码如下：

```
def say():
    print("吓得我抱起了我的小鲤鱼")
    say1() #在函数体内调用 say1 函数，达到间接调用
def say1():
    say() #调用 say 函数
say() #调用函数，进行触发
```

图 5-10　理解递归

5.4.1　递归注意事项

先来看一个递归的正确打开方式，定义一个函数 Showcount，接收一个数字参数，当 n 的值小于等于 0 时输出 over，否则进入到 else 打印 n 的值，并且调用函数自身传递 n-1。

```
def Showcount(n):
    if n<=0:
        print("over")
    else:
        print(n)
        showcount(n-1)

showcount(5)  #调用
```

运行程序，输出结果如图 5-11 所示。

```
问题    输出    调试控制台    终端
Windows PowerShell
版权所有 (C) 2009 Microsoft Corporation。保留所有权利。

PS D:\project\blog> & python c:\Users\Administrator\Desktop\class.py
5
4
3
2
1
over
```

图 5-11　运行结果

再看下述代码，在一个函数中调用自身，没有任何出口，这段程序就会一直递归调用下去，永远不会停止，这个现象称为无限递归。

```
def showcount():
    showcount()

showcount()  #调用
```

无限递归的函数其实并不会真的永远执行，它们都有一个深度限制，Python 会在递归深度到达上限时引发一个异常的错误信息。代码执行后的结果如图 5-12 所示。

```
问题    输出    调试控制台    终端
Windows PowerShell
版权所有 (C) 2009 Microsoft Corporation。保留所有权利。

PS D:\project\blog> & python c:\Users\Administrator\Desktop\class.py
Traceback (most recent call last):
  File "c:\Users\Administrator\Desktop\class.py", line 4, in <module>
    showcount()  #调用
  File "c:\Users\Administrator\Desktop\class.py", line 2, in showcount
    showcount()
  File "c:\Users\Administrator\Desktop\class.py", line 2, in showcount
    showcount()
  File "c:\Users\Administrator\Desktop\class.py", line 2, in showcount
    showcount()
  [Previous line repeated 995 more times]
RecursionError: maximum recursion depth exceeded
```

图 5-12　运行结果

很显然，无限递归这种情况并不是我们希望看到的，所以在使用递归时需要注意：递归就是在过程或函数里调用自身，必须有一个明确的递归结束条件（递归出口），切勿忘记递归出口，以避免函数无限调用。

　其实刚刚接触递归的人经常会把递归和死循环搞混。这里需要强调递归的几个特性，一是递归必须有一个明确的递归出口，二是递归每次执行都会不断缩小范围而死循环是重复（反复）执行某一段相同内容。

5.4.2　经典递归案例

Python 中经典的递归案例除了阶乘以外应该就是斐波那契数列（著名的兔子数列）：1、1、2、3、5、8、13、21、34……数列特点：数列第一项为 0，第二项为 1，从第三项开始每一项均为相邻前两项之和。先来简单分析一下：

F(0) = 0

F(1) = 1

F(n) = F(n-1) + F(n-2)

下面考虑一下如何通过递归来实现。

```python
def recur_fibo(n):
    """递归函数
    输出斐波那契数列"""
    if n <= 1:
        return n
    else:
        return(recur_fibo(n-1) + recur_fibo(n-2))


for i in range ( 0,10 ) :
    print(recur_fibo(i))
```

运行结果如图 5-13 所示。

图 5-13　运行结果

5.5　匿名函数

匿名顾名思义就是隐藏起来名字，即没有名字（见图 5-14）。前面定义的函数都有一个名字，即函数名调用的时候也是使用这个函数名。

匿名函数定义的时候也不用 dcf。Python 使用 lambda 创建匿名函数，lambda 只是一个表达式，语法也很简单。

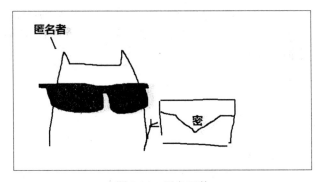

图 5-14　匿名函数

创建匿名函数

先来看一个正常的函数 calc 定义一个计算器的方法，传递两个参数运行。代码如下：

```
#正常函数
def calc(x,y):
    return x+y;
```

这个带参数的函数理解起来没有任何问题，将上面这个函数改写成 lambda 创建匿名函数的写法，lambda 函数的语法只包含一个语句，语法如下：

```
lambda[arg1,arg2...]:expression
```

在 lambda 语句中，冒号前是参数，可以有多个，用逗号隔开，冒号右边的返回值现在将上面的 calc 函数修改为匿名函数，代码如下：

```
#使用 lambda 表达式
n=lambda x,y:x+y          #x,y 为所需要的参数，:为分割符，x+y 则是返回值
print(n(2,3))            #输出 5
```

5.6　函数嵌套

俄罗斯套娃就是在一个大娃娃里面还有一个小娃娃，在小娃娃里面还有娃娃……函数的嵌套和它像极了（见图 5-15），函数嵌套就是在一个函数体内又包含一个函数。

图 5-15　函数嵌套

函数嵌套应用

回归到代码里就是在外层通过 def 关键字定义的大函数里再包裹一个通过 def 关键字定义的小函数，代码如下：

```
#函数嵌套
def outer():              #外层大函数，类似俄罗斯套娃里面的大娃
    def inner():          #内层小函数，类似俄罗斯套娃里面的二娃
        print('inner')
    print('outer')
    inner()
outer()
```

代码中外层函数为 outer()、内层为 inner()，并且在 outer() 函数的内部对 inner() 进行了调用，即当外界调用 outer() 函数进行触发时会同时执行 outer() 和 inner()。

使用函数嵌套有一个坑点，就是很容易出现作用域方面的 bug（在 5.9 小节再来详细讨论作用域的问题）。

小练习

阅读下一段代码，标注出你觉得有可能出错的语句。

```
def outer():
    def inner():
        print('inner')
    print('outer')
```

```
    inner()
outer()
inner()
```

怎么样，找到了么？对的，就是在最后一行，inner()这个位置出现了错误，原因是 inner 应该在 outer 的内部，它的作用域只存在 outer 内，无法在外界访问。

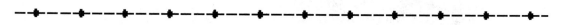

5.7 高阶函数

一个函数接收另一个函数作为参数，这种函数就称为高阶函数。Python 中也有一些内置的高级函数如 map()、reduce()等。

高阶函数应用

首先定义一个普通的函数 sayhi()，函数体内很简单地只打印一个 hello 出来，接下来定义一个函数 outer，接收一个形参，在调用 outer 进行参数传递时，传入 sayhi 这个函数名。需要注意的是，这里只有函数名没有小括号跟着，如果是函数名加小括号就表示函数的调用。

```
def sayhi():
    print("hello")
def outer(func):
    func();        #执行传递进来的函数
outer(sayhi)       #运行结果输出 hello
```

在 outer 函数内接收到的参数 func 是一个函数，所以只需要在后面加上小括号就可以进行函数调用了。

5.8 装饰器

装饰器本质上是一个 Python 函数，可以让其他函数在不需要做任何代码变动的前提下增加额外功能。装饰器的返回值也是一个函数对象。

加了装饰器之后的函数像是安了一双翅膀，就像图 5-16 所示的饼干，哪个更让你喜欢一些呢？

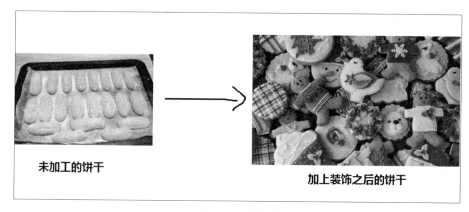

图 5-16　装饰器

相信右侧的这个图片看起来更有食欲一些，那么左侧的饼干怎样能变成右侧的样子呢？这就需要一层层开始加工了。例如，先加一层奶油，再加一些小图案装饰等。怎么样？在思考的过程中是不是发现需要在现有的饼干上加很多东西才能变成右侧的饼干？其实装饰器也是同理，在普通的函数身上加一些强大的功能，让它变成功能强大的函数。

5.8.1　创建装饰器

使用装饰器有两个原则：不能修改被装饰的函数的源代码，不能修改被装饰的函数的调用方式，根据上面对高阶函数和嵌套函数的理解，先动手试着写一个装饰器出来，首先定义初始的函数，也就是待装饰的函数 test1：

```
#定义一个普通函数
def test1():
    print("in the test 1 ");
```

test1 里面很简单地装了一句打印函数，这时如果想给 test1 添加一些额外的功能，除了直接修改 test1 的函数体外，还可以通过装饰器来完成：首先定义一个 main 函数，用来做加工的过程，负责接收函数，并在函数体内加工整合，最后将处理后的函数返回去。光读句子有些绕口，来看一下代码：

```
def main(func):     #传进来的 test1=func
    def deco():
        print("我是新加的功能");
        func();
        print("我也是");
    return deco;  #deco 为 main 函数的嵌套函数
```

```
#调用 main 并将待加工的 test1 函数传进去，这个地方需要注意 test1 后面不要加小括号
test1=main(test1)
test1()
```

代码中 main()函数对 test1()函数进行了装饰，在原有的基础上，加了两个输出语句分别是"我是新加的功能"和"我也是"，最后将装饰后的函数进行返回，在外界接收到后，进行执行，即装饰后的结果。

5.8.2 装饰器语法糖

通过 5.8.1 小节已经掌握了装饰器的写法，但是代码量有点复杂。在 Python 中提供了一种简洁的方式，即使用语法糖，在需要加工的函数上面通过"@函数名"来指定装饰器的方法，请看下面的代码：

```
def main(func):    #传进来的 test1=func
    def deco():
        print("我是新加的功能");
        func();
        print("我也是");
    return deco; #deco 为 main 函数的嵌套函数

@main  #这个地方的 main 就是你装饰的新功能，等同上面代码里面的  test1=main(test1)
def test1():
    print("in the test 1 ");
test1()
```

运行代码输出结果和 5.8.1 小节中的结果一致，通过语法糖也可以完成函数装饰的操作，是不是让编程变得更加简单了一些？

5.9   作用域的问题

在 Python 中，程序的变量/函数并不是在哪个位置都可以访问的，访问权限取决于定义的位置。

不管会不会玩象棋，随口就能说出来马走日、象走田，在图 5-17 的方格中的位置就是帅能走的区域，也就是帅的作用域。

图 5-17　理解作用域

5.9.1　局部变量

在函数、class 方法内（未加 self 修饰的）定义的变量只能在函数内部、class 类中使用，不能在函数外、class 类外使用。这个变量的作用域是局部的，这个变量也就是平时所说的局部变量，来看一个例子：

```
def calc():
  num1=10
  num2=20
  print(num1+num2)

calc() #输出 30
```

在代码中定义了一个 calc 计算的函数，函数体包含两个变量 num1 和 num2 的定义，并将两个变量相加后的结果打印出来，其中 num1 和 num2 的作用域是局部的，只在 calc 这个函数体内，如果尝试在 calc 外面去打印 num1 会有什么问题？首先修改代码：

```
def calc():
  num1=10
  num2=20
  print(num1+num2)

print(num1)
```

运行结果提示错误信息，如图 5-18 所示。

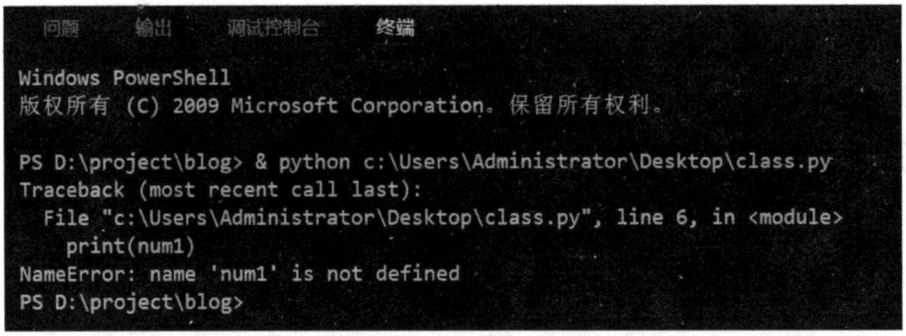

图 5-18　运行结果

上述截图中提示 num1 不存在，也就是说它的作用域只在函数的内部，在函数外部无法找到。在编码中作用域的问题经常会遇到，一定要弄明白。

5.9.2　全局变量

在模块内、所有函数外面、class 外面定义的变量是全局变量。来看一下代码，定义一个 count 的全局变量：

```
count=1;#全局变量
def calc(x,y):
   print(count)          #输出 1
calc(1,2)
print(count)             #输出 1
```

上述代码中 count 为全局变量，即在 calc 函数内部和 calc 函数外面都可以访问到，两句 print 打印语句都可以输出 1，如需在函数内修改全局变量 count 又该如何操作？来看一下代码：

```
count=1;#全局变量
def calc(x,y):
    count=20                 #试图修改全局变量的值
   print(count)
calc(1,2)
print(count)
```

运行结果是两次打印都是 20 还是函数内的打印是 20、函数外的打印为 1？运行结果如图 5-19 所示。

通过观察运行结果发现在 calc 函数中修改 count 并没有改变全局的 count，其实 count 是一个局部变量，在 calc 函数内 print 打印时，根据作用域进行查找，采用就近原则，找到离自己最近的 count 返回。

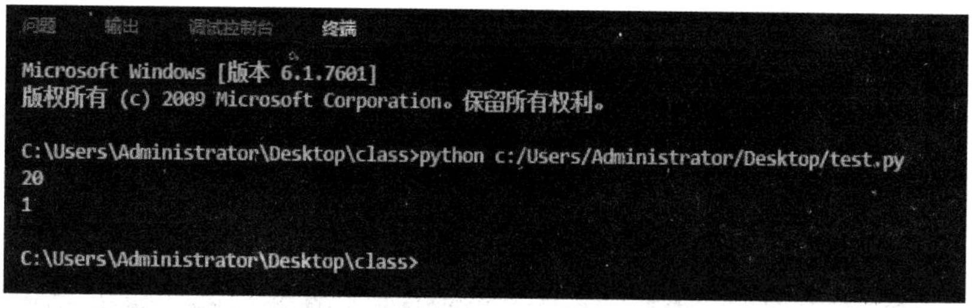

图 5-19　运行结果

如需在 calc 函数内修改全局的 count 可通过 global 进行标识，例如：

```
count=1                    #全局变量
def calc(x,y):
    global count
    count=20               #修改全局变量的值
    print(count)           #输出 20

calc(1,2)
print(count)          #输出 20
```

修改后运行两次打印的结果都是 20。

小练习

先阅读下述代码，给出正确答案。

```
count=1
def calc(x,y):
    count=4
    print(count)
    number=x+y
    print(number)
calc(1,2)
print(number)
print(count)
```

问：上述代码中一共有 4 个 print 输出语句，请按照顺序写出输出结果。

执行结果如图 5-20 所示。

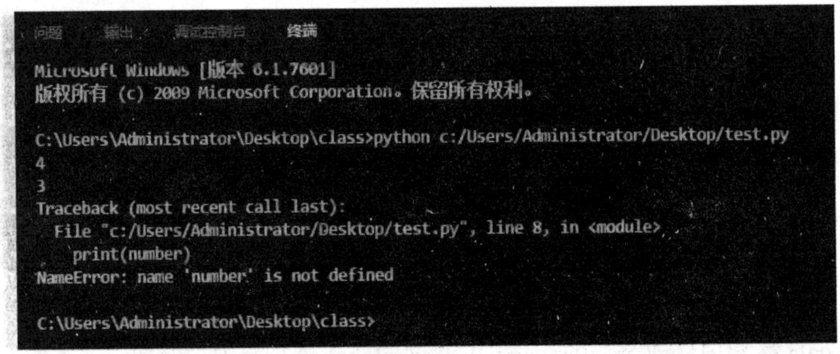

图 5-20　运行结果

第一个 calc 函数内 print(count) 输出的是局部变量，即 4。calc 函数内的 number 打印为 3（1+2 的值），在函数外无法找到 number，因为 number 是局部变量，会报出异常，提示没有找到 number。当程序发生异常时会终止运行，即最后一句 print(count)并没有被执行。

最后有一点需要注意：虽然在函数内部可以通过 global 操作全局变量，但是我们不建议这样修改，因为函数有通用性，你不知道什么地方改了全局变量，对于日后的维护和可扩展性都不是很好。

5.10　小结

本章介绍了函数各种各样的使用方法，函数在后续的编程中是一个非常重要的组成部分，有很多知识点在于活学活用，比如高阶函数、装饰器等，希望大家能够灵活掌握。

5.11　编程练习

本节的收尾是手写代码题，根据题目要求编写代码，注意编码规范。

1. 请通过递归的方式求出 1～100 的和。

2. 通过函数计算 0~9 这 10 个数字可以组成多少不重复的 3 位数。

3. 寻找 4 位黑洞数（不了解"黑洞数"概念的读者可以查看百度百科给出的"黑洞数"）。

第6章

面向对象编程

Python 从设计之初就已经是一门面向对象的语言，本章将介绍 Python 面向对象编程的概念及方法，包括如何创建对象以及多态、封装和继承等。

6.1 走进面向对象的世界

Python 是一门面向对象编程（Object Oriented Programming，OOP）语言。面向对象编程是一种程序设计思想，是对面向对象语言编码的过程。OOP 把对象作为程序的基本单元，一个对象包含了数据和操作数据的函数。

面向对象编程是利用"类"和"对象"创建各种模型来实现对真实世界的描述，使用面向对象编程的原因一方面是因为它可以使程序的维护和扩展变得更简单，并且可以大大提高程序开发效率，另一方面基于面向对象的程序可以使他人更加容易他理解你的代码逻辑，从而使团队开发变得更从容。

面向对象的思想不仅仅存在 Python 语言当中，在 JAVA/C#等语言中同样适用。

怎么理解面向对象编程

正式开始讲解面向对象编程之前，有必要知道一下面向过程编程。面向过程编程也是最容易被初学者所接受的编码方式，我们在前面的学习章节中编写代码的方式都类似于面向过程的写法。说起来好像不太好理解，一起通过一幅图（见图 6-1）来看明白什么是面向过程。在一个不加班的周末，某某准备在家洗衣服，那么该怎么做呢？步骤是什么？

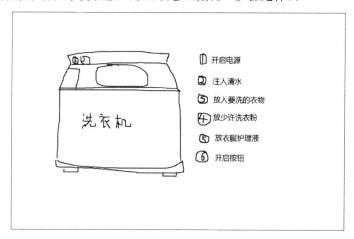

图 6-1　通过面向过程洗衣服

图 6-1 中描述了一个正确洗衣服的过程（程序员们又获得了一个生存能力），这个就像前面我们所编写的代码，一步一步地编写，好像也没有什么毛病，接下来看看通过面向对象的方式应该怎么洗衣服（写代码），继续看图 6-2。

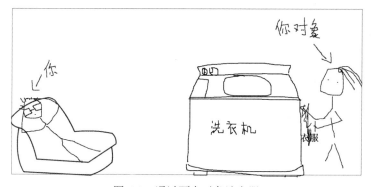

图 6-2　通过面向对象洗衣服

通过面向对象的方式洗衣服，就是你先找一个女朋友（对象），然后告诉她你需要洗衣服，你就可以悠哉地去玩游戏了，剩下的你就不用管了，都由你女朋友负责。

 看完两幅图之后，好像有些理解面向对象和面向过程了。不要着急，面向对象这个概念会一直伴随你的程序员生涯，而且是一个实战中顿悟的过程，很多人工作了很多年还没弄明白面向对象是何物。

如果你以前没有接触过面向对象的编程语言，那么你可能需要先了解一些面向对象语言的基本特征，在头脑里要形成一个基本的面向对象的概念，以助于你更容易地学习 Python 的面向对象编程。首先通过表 6-1 来看下面向对象名词解释。

表 6-1　面向对象名词解释

名词	描述
类（class）	用来描述具有相同的属性和方法的对象的集合。它定义了该集合中每个对象所共有的属性和方法
类变量	类变量在整个实例化的对象中是公用的。类变量定义在类中且在函数体之外。类变量通常不作为实例变量使用
实例变量	定义在方法中的变量，只作用于当前实例的类
对象（object）	通过类定义的数据结构实例。对象包括两个数据成员（类变量和实例变量）和方法
封装（encapsulation）	对外部世界隐藏对象的工作细节
继承（inheritance）	即一个派生类（derived class）继承基类（base class）的字段和方法。继承也允许把一个派生类的对象作为一个基类对象对待，继承描述了类之间的"is-a"关系
多态（polymorphism）	对不同类的对象使用同样的操作
方法	也称为成员函数，是指对象上的操作，作为类声明的一部分来定义。方法定义了可以对一个对象执行哪些操作
实例化	创建一个类的实例（类的具体对象）

6.2　认识一下大家族成员

在面向对象的世界中有两个非常重要的成员，即类和对象。本节将深入介绍类和对象的相关内容，以及在程序中如何使用它们。

6.2.1　类

有一句古话："物以类聚，人以群分。"大概意思就是性情品位相投的人会聚在一起，而相似的东西会划分在一起。来玩一个小游戏（见图 6-3），拿出你的笔，在下面这堆杂货铺里面圈出你觉得可以归为一类的物品。

你是怎么圈的？是不是发现图 6-3 中的苹果、香蕉、橘子都属于水果，而小轿车、大卡车、货车都是车（见图 6-4）？

图 6-3　小游戏

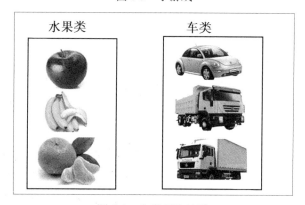

图 6-4　分类后的结果

对的，你发现了一个很重要的机密。那么什么是类？一个类是指相同事物相同特征提取，把相同的属性方法提炼出来定义在类中。

定义类的语法如下：

```
class 类名（object）:
    pass
```

Python 中使用 class 关键字修饰类，类名一般采用首字母大写，小括号里面表示继承，所有类最后都继承自 object，关于继承的部分后面再详解。

在类中可以定义属性和方法。注意，这个地方有一个叫法问题，方法其实和之前写的函数一样，但是在类中定义的称为方法。区别在于，在调用的时候，方法需要特定的对象，而函数不需要。

以图 6-4 为例，尝试用代码来描述出水果类和车类：

```
#水果类
class Fruits():
    pass


#车类
class Car():
    pass
```

6.2.2　对象

图 6-4 中的都是对象，其实我们每天在这个世界上所看到接触的事物都是对象，比如你的鼠标、你的键盘、你现在看的书、你的杯子，还有你。每个对象都有自己的属性和行为。其实也正是我们经常提到的一句话，"世界万物皆对象"（见图 6-5）。

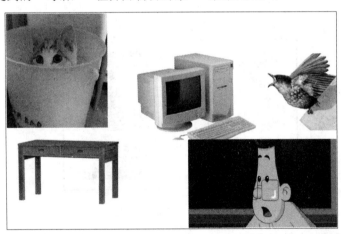

图 6-5　万物皆对象

总结一下类和对象的关系：一个对象是类的实例；对象是具体的，类是抽象。比如猫是一个类，图 6-5 中的那只小萌猫就是一个具体的对象；你是对象，人类则是一个类。

创建实例对象的语法如下：（前提是你需要一个类，因为对象是类的实例）

```
实例名=类名()  #实例化的语法是在类名的后面加上小括号
```

下面来做一个小练习，创建一个猫类，并且实例化一只小猫。示例代码如下：

```
#定义一个猫类
class Cat():
    pass

#实例化一个小猫咪
smallcat=Cat()
```

在上面的代码中，Cat 就是一个类，而 smallcat 就是一个具体的对象，我们想要让这只猫会跑会跳都是通过 smallcat 去进行调用的，因为 smallcat 才是一个活生生的对象。

在 Python 中，其实类也是一个对象。通过 print(Cat.__class__) #输出 <class 'type'>类，Cat 是通过 type 这个类进行实例化的。下面看一下如何通过 type 构造函数来创建一个类。

语法：

type("类名","基类"，类的成员)

示例代码：

```
def eat(self):
    print("猫在吃鱼")
Cat=type("Cat",(object,),{'eat':eat})
smallcat=Cat()
smallcat.eat()  #输出"猫在吃鱼"
```

6.2.3 属性和方法

首先来分析图 6-6 中的猫，都有哪些属性和行为。

图 6-6 中的这只猫有自己的属性和方法（行为），其他的猫咪是不是也有很多同样的特征，比如都有名字，都有毛色，都会跑、会叫。那么图 6-6 中的这只猫就是一个具体的对象，而猫就是一个类。

1. 属性定义和访问

不管是属性还是方法都需要定义在 class 类中。下面在 Cat 中定义属性，具体代码如下：

```
#定义一个猫类
class Cat():
    name="小布丁"
    age="三个月"
    color="白色加橘色"
```

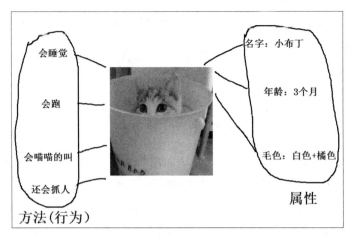

图 6-6　猫咪身上的属性和方法

属性定义好了之后，可以通过对象（实例）进行访问，现在在类的外面打印 name 属性，可以看到输出结果为"小布丁"，代码如下：

```
smallcat=Cat()
print(smallcat.name) #打印出来"布丁"
```

2. 方法的定义和使用

猫咪有吃饭和跑跳的方法，接下来在 Cat 类中定义方法：

```
#定义一个猫类
class Cat ( ) :
    name="小布丁"
    age="三个月"
    color="白色加橘色"
    def Eat(self):
        print("猫咪在吃饭")
    def Run(self):
        print("猫咪在跑")
```

可以发现在类中定义方法和定义函数的语法一样，唯独有一点区别，即参数 self 的问题：函数中定义小括号里面放参数列表，方法的第一个是 self，后面是参数列表，这个地方的 self 等同于 JS 中的 this，表示的是当前对象。

那么方法定义完成之后，应该如何调用方法呢？这个地方用对象名.方法名()即可，执行后就会发现 Run 里面的内容被打印出来，代码如下：

```
smallcat=Cat()
smallcat.Run() #打印"猫咪在跑"
```

6.2.4　构造函数

掌握了如何定义属性和方法,一个完整的类就差不多成型了。为了让大家加深类和对象的理解,再来描述一下,类指的是 Cat,而 smallcat 是 Cat 的实例(对象),一个类可以有多个对象,比如 smallcat1、smallcat2 等。

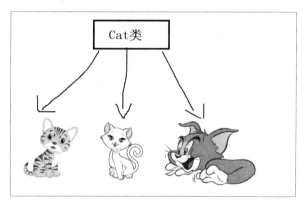

图 6-7　不同的猫咪

利用上面创建好的 Cat 类来实例化多个对象:

```
smallcat1=Cat()
print(smallcat1.name)          #打印"小布丁"

smallcat2=Cat()
print(smallcat2.name)          #打印"小布丁"
```

代码中的 smallcat1、smallcat2 都是 Cat 类的实例(对象),但是有一个问题,就是打印出来的两只猫的名字都是"小布丁",很明显两只猫咪的名字应该是不同的。在定义属性的时候已经写死了固定的名称,有什么更好的解决方案可以让每个对象都能自定义自己的属性值呢?

对定义类的代码进行一些修改,修改后如下:

```
#定义一个猫类
class Cat():
    def __init__(self,name):
        self.name=name

    def Eat(self):
        print("猫咪在吃饭")
    def Run(self):
        print("猫咪在跑")
```

在类中多了一个 __init__ 的方法，类中除了自己定义的方法以外，还有一些特殊方法，都是以 "__" 开头结尾，这些方法都有自己特殊的含义，__init__ 则是对象在初始化数据的时候执行的。注意，这个地方不需要你手动调用，它自己会去执行。

这个就像一个流水线的完整步骤了，虽然出厂的时候是一样的，但是经过改造（构造函数）之后就变成不同的猫咪了（见图 6-8）。

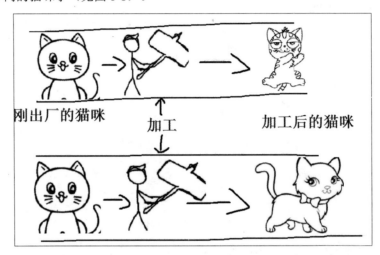

刚出厂的猫咪　　加工　　加工后的猫咪

图 6-8　加工

下面来看一下具体改造后的代码使用方式的变化：

```
smallcat1=Cat("小布丁")
print(smallcat1.name)          #打印"小布丁"


smallcat2=Cat("小bug")
print(smallcat2.name)          #打印"小bug"
```

可以看到 Cat() 其实是在执行 __init__ 方法，只需要传递需要的参数（属性 name 的值），上面的两个对象的名字不一样了。

当执行 Cat() 语句的时候，类先执行了 __new__ 方法（用来创建实例），接下来执行了 __init__ 方法（用来初始化数据）。

6.2.5　私有属性及私有方法

类中定义的属性与方法可以再细分为公有属性、方法和私有属性、方法，前面编写的代码定义的属性和方法都是公有的，也就是在类的外部都可以访问到，而私有是指只在类的内部可以访问。

如何定义私有成员呢？经历过__init__()后，我们发现"__"这个符号在 Python 类中有着不同一般的意义，没错，定义私有属性和方法也要用到它，而且超级简单。只需要在你想定义的私有属性和方法的名称前面加上"__"前缀即可，来看下面的代码：

```
#定义一个猫类
class Cat ():
    def __init__(self,name):
        self.__name=name

    def __Eat(self):
        print("猫咪在吃饭")
    def Run(self):
        print("猫咪在跑")

smallcat1=Cat("小布丁")
print(smallcat1.name)        #出错：没有 name
smallcat1.Eat()              #出错：没有 Eat
smallcat1.__Eat()            #出错：没有 Eat
```

代码中分别在 Eat()方法和 name 属性的前面加上了"__"的前缀修饰，表示 name 现在为私有属性、Eat()为一个私有方法，即在类的外部无法访问。

smallcat1 为 Cat 类所实例化的对象，在通过 print 打印 name 属性时，提示异常错误，因为 name 现在为私有成员，外界无法访问，__Eat()方法也无法被外界正常访问，"__"具有特殊的含义，所以即使通过对象调用__Eat()也依旧提示异常错误信息。

既然在类的外部无法访问，那么在类中应该如何访问呢？请看以下代码：

```
#定义一个猫类
class Cat ():
    def __init__(self,name):
        self.__name=name

    def __Eat(self):
        print("猫咪在吃饭")
    def Run(self):
        #类中访问私有方法
        self.__Eat()
        #类中访问私有属性
        print(self.__name)
        print("猫咪在跑")
```

```
smallcat1=Cat("小布丁")
smallcat1.Run()        #此处分别打印出"猫咪在吃饭""小布丁""猫咪在跑"
```

上述代码在 Run()方法中使用 self 调用了__Eat()方法和__name 属性。

6.3　继承

　　面向对象编程带来的好处之一是代码的重用，实现重用的方法之一是通过继承机制。一个类继承另一个类时，它将自动获得另一个类的所有属性和方法，原有的类称为父类，而新类称为子类。子类继承了其父类的所有属性和方法，同时还可以定义自己的属性和方法。

　　面向对象中的继承和生活中比如儿子继承父亲的财产（见图 6-9）、小猫咪继承猫妈妈的毛色等很像。

图 6-9　生活中的继承

当然也有可能继承的不是父亲的财产而是父亲的蚂蚁花呗（见图 6-10）。

图 6-10　继承笑话

6.3.1　继承的实现

通过图 6-11 来了解一下继承的语法，一般情况下继承的父类都写在子类类名后的小括号内。

图 6-11　理解继承

接下来在下面的代码中进行继承实战：

```
#父类
class Animal():
    pass
#子类（猫类）
class Cat(Animal):
    pass
#子类（狗类）
class Dog(Animal):
    pass
```

在上面的代码中，我们定义了三个类，它们的关系（很像生活中我们的族谱）如图 6-12 所示。

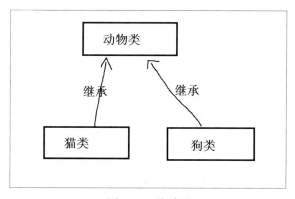

图 6-12　关系图

6.3.2　继承的特点

子类继承父类，那么是可以继承到父类的全部属性和方法么？答案是否，也就是说子类只能继承到父类公有的属性和方法，私有的属性和方法无法继承。

就像你继承你爸爸的肯定只有他的车子、房子财产，但是私房钱等肯定是不会给你继承的（见图 6-13）。

图 6-13　生活中的继承关系图

6.3.3　多重继承

多重继承顾名思义就是子类可以继承多个父类，例如现实生活中，小明出门之前先向妈妈要一遍零花钱，再悄悄向爸爸要一遍零花钱，最后出门就得到了两份零花钱。

多重继承在代码中的使用方法和单继承一样都是写在小括号内，多个父类的话可通过逗号分隔开。

```
#动物类
class Animal():
    pass
#加菲猫类
class Garfield(Animal, Cat):
    pass
#猫类
class Cat():
    pass
```

在上面的代码中，Garfield（加菲猫类）分别继承猫类和动物类，所以动物类和猫类下面的公有属性和方法在 Garfield 中都可以访问。除了这种直接继承，还有一种间接继承，请看下列代码：

```
#动物类
class Animal():
    pass
# 猫类
class Cat(Animal):
```

```
      pass
#加菲猫类
class Garfield (Cat):
      pass
```

这段代码在 Garfield 类中同样可以访问 Animal 和 Cat 中的公有属性和方法，这个代码中的关系如图 6-14 所示。

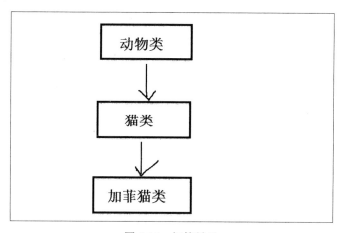

图 6-14　间接继承

这个图很形象，类似于你爸爸会给你钱，你爸爸的爸爸（爷爷）也会给你钱，这样下来你就等于完成了间接继承。

6.3.4　super

在类的继承中，如果重定义某个方法，那么该方法就会覆盖父类的同名方法，但有时，我们希望能同时实现父类的功能，这时就需要调用父类的方法了，可通过使用 super 来实现，示例代码如下：

```
class Animal(object):
    def __init__(self, name):
        self.name = name
    def greet(self):
        print("父类中的")

class Dog(Animal):
    def greet(self):
        super().greet()   #通过 super 访问父类中的方法
        # Python 2 里 super() 是一定要参数的, super(Dog, self).greet()
```

```
        print("子类中的")

d=Dog("旺财")
d.greet()
```

在 Dog 类下的 greet()方法中通过 super 访问父类中的方法，在实例化对象调用 greet()方法时，会打印两条信息，分别为"父类中的"和"子类中的"。

在子类中除了 super 还可以通过"父类名称.方法名()"进行调用外，我们选择 super 的另一个好处是避免硬编码。

什么是硬编码？硬编码一般是指在代码中写死的编码。与它相对应的是配置项，可以在程序发布后进行修改。

对于支持继承的编程语言来说，其方法（属性）可能定义在当前类，也可能来自于基类，所以在方法调用时就需要对当前类和基类进行搜索，以确定方法所在的位置。搜索的顺序就是所谓的"方法解析顺序"（Method Resolution Order，MRO），对于只支持单继承的语言来说，MRO 一般比较简单；对于 Python 这种支持多继承的语言来说，MRO 要复杂得多。感兴趣的读者可以详细了解一下 MRO C3 算法。

6.4　封装

其实从学习函数以来就在提及封装的概念。封装可以理解为，不用管具体的实现细节，直接调用即可，就像看电视（见图 6-15），完全不用管电视是怎么播放的，只需要按下按钮观看即可。

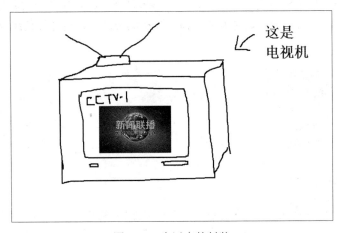

图 6-15　生活中的封装

前面介绍的动物类以及子类都用到了封装的思想，假设在 Animal 类中包含 name 和 greet 方法：

```
class Animal(object):
    def __init__(self, name):
        self.name = name
    def greet(self):
        print("父类中的")
```

在外界使用的时候只需要对 Animal 进行实例化，那么属性和方法就都可以通过实例化后的对象访问到。

```
obj=Animal("森林之王")
print(obj.name)        #输出"森林之王"
obj.greet()            #输出"父类中的"
```

这样一来，在外面观察代码时，你无法知道内部的 greet 方法到底是如何执行的、究竟做了什么，这些逻辑都被封装了起来，调用的时候很简单，只需要访问即可，不用知道内部实现的细节。

6.5　多态

多态来自于希腊语，意思是有多种形式。多态意味着即使不知道变量所引用的对象类型是什么，也能对对象进行操作。多态会根据对象的不同而表现出不同的行为。比如生活中当你说"叫"时，不同的动物会做出不同的反应（见图 6-16）。

图 6-16　生活中的多态

下面用代码来将图 6-16 描述出来。首先分析需要用到的类，父类为动物类（Animal），三个子类分别为鸭子类（Duck）、猫类（Cat）、羊类（Sheep）。

```python
#父类
class Animal:
    def Yell(self):
        print("父类的叫方法")


#子类:鸭子类
class Duck(Animal):
    def Yell(self):
        print("嘎嘎嘎~~")
#子类: 猫类
class Cat(Animal):
    def Yell(self):
        print("喵喵喵~~")
#子类: 羊类
class Sheep(Animal):
    def Yell(self):
        print("咩咩咩~~")

#定义一个方法,接收传入的对象,并对对象的叫方法进行调用
def OuterYell(cal):
    cal.Yell()

OuterYell(Cat())            #输出"喵喵喵~~"
OuterYell(Sheep())          #输出"咩咩咩~~"
```

有没有理解多态？其实很简单，多态不用对具体的子类型进行了解，到底调用哪一个方法会在运行的时候由该对象的确切类型决定。使用多态，我们只管调用，不用管细节。

扩展

"鸭子类型"的语言是这么推断的：一只"鸟"走起来像鸭子、游起泳来像鸭子、叫起来也像鸭子，那它就可以被当作鸭子。也就是说，它不关注对象的类型，而是关注对象具有的行为(方法)。

6.6 如何设计面向对象

通过前面几节的学习我们已经掌握了面向对象中的几大核心部分（封装、继承、多态）。

如果这些算是武林人士的武功招数（见图 6-17），那么如何设计面向对象的程序（给你一个需求，你该如何分析、如何设计）可就是考验内功的一个科目了。

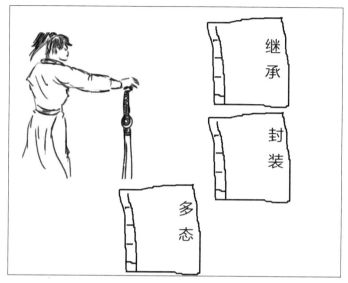

图 6-17　理解设计面向对象程序

分析题

通过面向对象的设计思想设计学生管理系统。

【第一步】　先进行分析，需要完成的功能为学生管理系统，把这句话拆分一下，即如图 6-18 所示。

图 6-18　拆分需求

【第二步】　对拆分后的内容进行解读。"学生"是概述一个整体，不是单指某一个具体的人，所以学生可以是 N 个，在设计程序时，可以将学生提取为学生类（见图 6-19），将学生群体共同的特征（如姓名、年龄、学号、专业等）提取到学生类中的属性，将学生群体共同的行为（动作，如学习、运动等）提取到学生类中的方法。

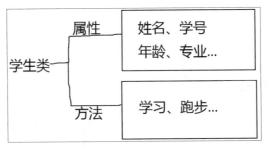

图 6-19　学生类

　　学生类分析完毕后，现在就已经有了面向对象模型的草图了，接下来还需要考虑其他类应该如何提取设计，并且考虑类和类的关系（如继承，但是也要注意继承并不是越多越好，要注重合理性）以及它们的作用。

6.7　小结

　　面向对象编程其实更多的是一种编程思想，不要想着一下子掌握它，就和设计模式一样，当你的积累程度不同时，你眼中的面向对象或者设计模式也会有所不同。

6.8　编程练习

　　本节的收尾是一道手写编程题，注意是手写。请你通过面向对象方式描述一下你自己，从属性到方法尽量覆盖全面，当成模板。（注意编程规范。）

第 7 章

Python 的模块

本章的主要内容围绕 Python 的内置模块和第三方模块展开，模块是 Python 中非常强大的一部分，通过本章的学习一定会让你发现一个新世界。

7.1 模块的概念与使用

模块这个概念其实在很多地方都可以听到，它表示的是对功能的封装、代码的复用。在很多编程语言中都有类似的概念，在 Python 中每一个后缀名为.py 的文件都可以理解为一个模块。生活中的模块很像图 7-1 中的积木，每一块小积木通过不同的排列组合可以完成不同的形状。Python 中的模块也可以组合使用，实现复杂的功能。

图 7-1　模块配合

7.1.1 模块能做什么

生活中如果需要一部手机你会怎么做？打开电脑在网上下单购买一部或者去实体店购买。你会自己学习如何制作一部手机吗？显然不会，因此大多时候我们只需要学会如何使用就足够了，不用自己再次进行创造。

在代码中也是一样，有很多先辈有很好的框架、模式，我们完全无须再花费大量时间去摸索（就像设计模式一样，只要学会使用，自己不用再去开发一个新的模式，一般在程序里面习惯称为造轮子的过程，见图 7-2）。在 Python 中有许多内置模块和第三方开发人员提供的第三方模块，这就是别人造好的轮子，可以直接使用。

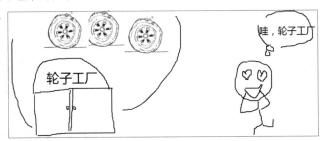

图 7-2　无须重复造轮子

7.1.2 引用模块

每一个 .py 文件其实就是一个模块，下面一起来动手编写一个模块。创建一个 module.py 文件，在文件中编写以下代码：

```
#内容为module.py
message="hello world"
def say():
    print("hello")
```

代码中定义了一个变量 message 和一个 say() 函数，模块定义后，在其他文件中如需导入，可使用 import 文件名（模块名）。如果要导入多个模块，可以用逗号分隔，例如：import module_name1, module_name2 ……

创建一个文件，命名为 newmodule.py。在 newmodule.py 中通过 import 引入 module 模块，并调用 module 模块下的 say() 方法，代码如下：

```
#newdmodule.py
#第一种导入方式
import module
module.say()
```

运行代码，输出"hello"。第二种导入的方式是使用 from module_name import * 。

```
#newdmodule.py
#第二种导入方式
from module import *
say()
```

运行一下，发现上面的两种导入方式都没有毛病，都可以正常运行。两种导入方式的区别如下：

（1）调用方式不同。

（2）import module_name 是将被导入的模块的名称放入到当前的模块内；而 from module import * 是将被导入的函数或变量的名称放入到当前操作的模块内。

（3）from…import 提供了一个简单的方法来导入一个模块中的所有项目。如果只想导入某些内容，可以在 import 后面依次列出。

使用 from…import 导入时有一个坑点，即导入的模块内容和文件内的函数、变量名称不能冲突，否则会被覆盖，可以通过 as 来起别名，起一个其他的名字就完美地避免了重名的问题，来看一下代码如何编写：

```
#为了防止名称冲突，通过as 起一个别名
from module import say as newsay
def say():
    print("不是导入模块的say")
say() #自己的
newsay() #引来的
```

在 newmodule.py 文件中自定义了一个 say()函数，但是引入的 module 模块下也有一个名为 say()的函数。为了解决命名冲突给 module 模块下的 say()函数起别名为 newsay，这时在下面调用时就可以区分开了，两次的打印结果分别为"不是导入模块的 say""hello"。

通过上述两种方式已经可以引用模块以及使用模块内的函数、变量等，除了引用自己自定义的模块以外，Python 中还提供了许多内置模块和丰富的第三方模块（在下一章节进行讲解）。在 Python 的安装路径下找到 Lib 文件，可以看到内置模块和第三方模块，见图 7-3（后续安装的第三方模块都会存放在 python/Lib/site-packages 路径下）。

如果忘记了 Python 的安装路径，可以在"我的电脑"→"环境变量"→"高级"→"path"中找到。

图 7-3   安装路径

7.2   标准库（内置模块）

内置模块是指无须安装就可以使用的模块。Python 中把一些常用的操作封装到内置模块内，在编码过程中如果需要用到无须编写直接引用即可，可以更好地加快开发效率。就像生活中购买的新手机，开机以后会自带许多 APP（见图 7-4）。

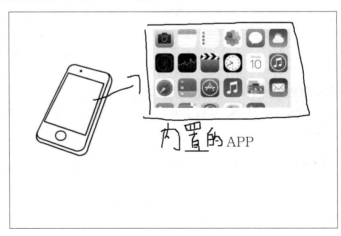

图 7-4   理解内置模块的意思

7.2.1　datetime

datetime 模块（见图 7-5）用于操作日期/时间，包括时间的格式化输出以及日期的计算和获取。首先在文件的头部通过 import 或者 from...import 来引入 datetime 模块，再使用常用的一些属性和方法，示例代码如下（如果想要查看 datetime 模块下更完整的属性/方法，可以访问 https://docs.python.org/3/library/datetime.html）：

```
>>> #第一种导入方式
... import datetime
>>> print(datetime.datetime.now()) #当前时间 2017-12-27 10:05:16.684310
2018-03-28 20:36:59.349923
>>> print(datetime.date.today()) #格式化输出 2017-12-27
2018-03-28
>>> print(datetime.datetime.now()+datetime.timedelta(days=10))
                                        #比现在加 10 天
2018-04-07 20:36:59.366924
>>> print(datetime.datetime.now()+datetime.timedelta(days=-10))
                                        #比现在减 10 天
2018-03-18 20:36:59.372924
>>> print(datetime.datetime.now()+datetime.timedelta(hours=-10))
                                        #比现在减 10 小时
2018-03-28 10:36:59.380925
>>> print(datetime.datetime.now()+datetime.timedelta(seconds=120)) #比现在
+120s
2018-03-28 20:38:59.387925
>>>
```

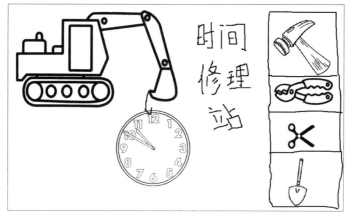

图 7-5　datetime 模块

来看一下第二种导入方式：

```
>>> #第二种导入方式
... from datetime import datetime
>>> print(datetime.now()) #当前时间 2017-12-27 10:05:16.684310
2018-03-28 20:38:47.132088
>>>
```

7.2.2 random

random 是一个用于生成随机数的模块（见图 7-6）。在程序中经常会用到随机数，比如验证码或者游戏。使用方法和 datetime 一样，因为都是 Python 中的内置模块，所以不需要安装，直接在.py 文件中用 import 引用就可以了。

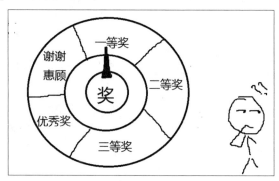

图 7-6　random 模块

下面来看一些 random 模块中经常用到的方法，示例代码如下（如果想要查看 random 模块下更完整的属性/方法，可以访问 https://docs.python.org/3/library/random.html）：

```
>>> #第一步先引入 random 模块
... import random
>>>
>>> print(random.random())        #用于生成一个 0 到 1 的随机符点数：0 <= n < 1.0
0.9469372326969905
>>> print(random.randint(1,7))        #用于生成一个指定范围内的整数，包含 1 和 7
5
>>> print(random.randrange(1,3))              #随机指定范围内的整数，不包含 3
1
>>> print(random.choice('lidao'))             #随机字符
d
>>> print(random.choice(['aa','bb','cc']))    #随机在列表中取值
aa
```

```
>>> print(random.randrange(1,9000)+1000)          #生成四位数字验证码
7398
>>>
```

7.2.3　sys

sys 模块提供了一系列有关 Python 运行环境的变量和函数。示例代码如下：

```
>>> import sys
>>>
>>> print(sys.platform)
#获取当前执行环境的平台，如 win32 表示 Windows 32bit 操作系统，linux2 表示 linux 平台；
win32
>>> print(sys.path) # path 是一个目录列表，供 Python 从中查找第三方扩展模块。在 python
                    # 启动时，sys.path 根据内建规则、PYTHONPATH 变量进行初始化。
['', 'D:\\python\\python36.zip', 'D:\\python\\DLLs', 'D:\\python\\lib',
'D:\\python', 'D:\\python\\lib\\site-packages']
>>> print(sys.builtin_module_names) #返回一个列表，包含内建模块的名字
('_ast', '_bisect', '_blake2', '_codecs', '_codecs_cn', '_codecs_hk',
'_codecs_iso2022', '_codecs_jp', '_codecs_kr', '_codecs_tw', '_collections',
'_csv', '_datetime', '_findvs', '_functools', '_heapq', '_imp', '_io', '_json',
'_locale', '_lsprof', '_md5', '_multibytecodec', '_opcode', '_operator',
'_pickle', '_random', '_sha1', '_sha256', '_sha3', '_sha512', '_signal', '_sre',
'_stat', '_string', '_struct', '_symtable', '_thread', '_tracemalloc', '_warnings',
'_weakref', '_winapi', 'array', 'atexit', 'audioop', 'binascii', 'builtins',
'cmath', 'errno', 'faulthandler', 'gc', 'itertools', 'marshal', 'math', 'mmap',
'msvcrt', 'nt', 'parser', 'sys', 'time', 'winreg', 'xxsubtype', 'zipimport',
'zlib')
>>> print(sys.argv) #可以用 sys.argv 获取当前正在执行的命令行参数的参数列表(list)
sys.argv[0]    当前程序名 sys.argv[1]    第一个参数
['']
>>>
```

7.2.4　os

Python os 模块包含普遍的操作系统功能，os 模块包含普遍的操作系统功能，如文件操作、目录等，与具体的平台无关。示例代码如下：

```
import os

print(os.name) #判断现在正在使用的平台，Windows 返回'nt'; Linux 返回'posix'
```

```
print(os.getcwd())#得到当前工作的目录
os.rename("game.py","game1.py")#文件重命名
print(os.listdir())#指定所有目录下所有的文件和目录名
print(os.mkdir("aa"))#创建目录
print(os.system("dir"))#执行 shell 命令
```

7.2.5　hashlib

hashlib 模块提供了很多加密的算法（如 md5 常用来用户密码加密处理、sha1 常用来做数字签名）。在真实的开发过程当中会经常遇到需要加密的内容，比如用户的登录密码、cookie、接口等，这个加密真的有那么重要吗？

还记得 2011 年 12 月 CSDN 遭到黑客攻击的事件，导致 600 万用户的登录名、密码、邮箱等信息遭到泄露，但是最严重的还不止这些，从泄露的数据里面居然发现密码是明文显示（没有进行加密处理），因为 CSDN 是程序员活动的社区，当时也留出一个段子就是从 CSDN 发现了程序员最常用的密码，可以看看图 7-7 中有没有你常用的密码。

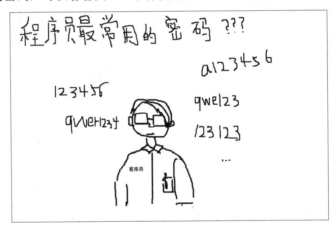

图 7-7　程序员常用密码（段子）

CSDN 泄露的数据，有人尝试都可以正常登录，后续也有一些其他的网站信息遭到泄露，人们开始意识到网络的安全性至关重要，除了安全方面的升级外，要求程序也要保障用户的信息安全。

MD5 加密是 hashlib 里面加密方法的一种，也是我们比较常用的，先来看一个模拟用户注册对用户密码进行 MD5 加密的过程：

```
>>> # 由于 MD5 模块在 python3 中被移除
... # 在 python3 中使用 hashlib 模块进行 md5 操作
... import hashlib
>>>
```

```
>>> # 待加密信息
... str = '123456'
>>> # 创建md5对象
... hl = hashlib.md5()
>>> hl.update(str.encode(encoding='utf-8'))
>>> print('MD5加密前为 : ' + str)
MD5加密前为 : 123456
>>> print('MD5加密后为 : ' + hl.hexdigest())
MD5加密后为 : e10adc3949ba59abbe56e057f20f883e
>>>
```

 MD5 加密是不可逆的，网上一些破解 MD5 的网站都是通过暴力破解的方式，即通过
自己加密内容和用户输入要破解的密文进行匹配。

经常关注密码分析这一块内容的小伙伴一定看过山东教授王小云破解 MD5 的内容，那么有
什么可以完善一下 MD5 呢？比如可以进行双重 MD5 加密或者 MD5 加盐。下面来介绍 MD5 加
盐值（SALT）。

所谓加盐，就是加一些辅助的调料，这里称为 salt 值。那密码加密之前是单纯地使用 MD5，
现在要给 MD5 加点调料（见图 7-8）。

图 7-8　理解加盐（SALT）

在加盐的过程中，首先需要硬编码指定好一个盐值（或者通过随机方法产生盐值，下面代
码中的盐值是随机产生的），然后将 MD5 后的结果拼接盐值再次进行 MD5 加密。具体的代码
（创建 md5demo.py，在文件中编写代码）如下：

```
from random import Random
import hashlib
```

```python
# 获取由 4 位随机大小写字母、数字组成的 salt 值
def create_salt(length = 4):
    salt = ''
    chars = \
        'AaBbCcDdEeFfGgHhIiJjKkLlMmNnOoPpQqRrSsTtUuVvWwXxYyZz0123456789'
    len_chars = len(chars) - 1
    random = Random()
    for i in range(length):
        # 每次从 chars 中随机取一位
        salt += chars[random.randint(0, len_chars)]
    return salt

# 获取原始密码+salt 的 MD5 值
def create_md5(pwd,salt):
    md5_obj = hashlib.md5()
    md5_obj.update((pwd + salt).encode(encoding='utf-8'))
    return md5_obj.hexdigest()

# 原始密码
pwd = '123456'
# 随机生成 4 位 salt
salt = create_salt()
# 加密后的密码
md5 = create_md5(pwd, salt)

print('[pwd]\n',pwd )
print('[salt]\n', salt)
print('[md5]\n', md5)
```

注意，在存储数据库的时候需要在表里多加一个 salt 字段，用来存储你加的调料，等用户登录的时候，拿用户注册的密码+salt 字段进行 MD5 加密，用加密后的内容和数据库存储的 MD5 密码进行匹配，成功的话就提示成功，匹配失败的话则登录失败。

7.3 第三方模块

Python 的强大之处除了有丰富的内置模块以外，还有第三方库（https://pypi.python.org/pypi，见图 7-9）。上面有各种操作封装好的模块，只需要下载便可以使用（pip install 名称进行安装）。

图 7-9　pypi 官网

7.3.1　xlrd 模块

工作中经常会涉及一些文件的操作，比如从 Excel 导入数据到数据库或者对 Excle 里面的数据进行统计。在 Python 中，操作 Excel 也有对应的模块，即 xlrd。

1 下载安装（如果不知道有没有安装过，可以通过 pip list 查看）。

打开 cmd，在命令行中输入：

```
pip install xlrd
```

2 在文件中引用。

创建后缀名为.py 的文件，在文件最上方完成引用：

```
import xlrd
```

3 开始使用，创建 xlrddemo.py，编写如下代码。

```
import xlrd
#读取数据
data = xlrd.open_workbook('test.xlsx')
table=data.sheets()[0] #通过索引顺序获取工作表
print(table.row_values(0)) #整行
print(table.col_values(0)) #整列
print(table.nrows) #行数
```

```
print(table.ncols) #列数
#通过循环显示行、列数据
for i in range(table.nrows):
    print(table.row_values(i))
print(table.cell(0,0).value) #单元格
```

通过 xlrd 模块提供的属性和方法，已经可以取出 Excle 中的行、列数据并且显示出来，目前只是做了一个很简单的打印，在后面学习完数据库之后，把二者结合在一起就是一个完整的数据导入过程了。这种操作在工作中也经常会遇到，一定要学会。（如果想要查看 xlrd 模块下更完整的属性/方法，可以访问 http://xlrd.readthedocs.io/en/latest/on_demand.html。）

7.3.2 Image 模块

让图片旋转、裁剪这些动作在设计到用户上传头像的时候经常见到。有的网站上传商品的时候针对商品图片会分为缩略图和大图，那么类似这种缩略图是用户自己处理的吗？答案肯定不是，需要通过代码来完成图片的处理。

Image 模块下包含图片的裁剪和缩略图等方法，下面来认识几个常用的图片操作。

 在命令行中输入"pip install Image"进行安装。

```
pip install Image
```

 引入安装好的模块，创建 imagedemo.py 文件，编写如下代码。

```
from PIL import Image
import os

im=Image.open("test.jpg") #加载图片
#im.show() #打开图片
#创建缩略图
im.thumbnail((500,500)) # thumbnail 函数接受一个元组作为参数，分别对应缩略图的宽高，
# 在缩略时，函数会保持图片的宽高比例。如果输入的参数宽高和原图片宽高比不同，就会依据最小
# 对应边进行原比例缩放。
im.save("newtest.jpg","JPEG")
#图像裁剪
region=im.crop((100,100,300,200))
region.save("croptest.jpeg")
# 旋转图片
# 左旋转 45 度
im = im.rotate(45)
im.save("rotate-l45.jpeg")
```

7.3.3　暴力破解加密压缩包

Zifpfile 模块是一个针对压缩包进行压缩和解压缩的模块，只需要按照它提供的方法进行调用就可以实现。下面做一件有意思的事情，利用 zipfile 完成一个暴力破解压缩包（见图 7-10）。

图 7-10　暴力破解压缩包

 1　先理解什么是暴力破解。

其实简单粗暴点来说，就是通过轮循的方式比对。我们一定都知道 MD5 加密，既然 MD5 是不可逆的，那网上那些所谓的 MD5 解密的网站是怎么做到的呢？其实也是暴力破解的方式。

举个例子，你通过 MD5 加密了一段字符串 str="abc"，加密后的结果为 "3cd24fb0d6963f7d"。这么一长串别人肯定看不懂，MD5 解密网站是怎么做的呢？他们没事干的时候就开始瞎试，把 aa/cc/bb/abc 啥的都开始用 MD5 加密一遍，存到自己的数据库里，当你去查询的时候，他们会根据你提供的 "3cd24fb0d6963f7d" 在数据库里面比对，如果巧合的话就能找到，但大部分情况下只要加密字符串稍微复杂点就都找不到。这就是所谓的 MD5 解密，也就是暴力破解了。

2　准备工作，先创建一个加密的压缩包，给压缩包加密码，如图 7-11、图 7-12 所示。

图 7-11　创建压缩包

图 7-12　给压缩包添加密码

3 创建 zipfiledemo.py 文件，编写如下代码。

```python
import zipfile #引入模块
zfile = zipfile.ZipFile("test.zip")
passFile=open('pwd.txt') #读取你设定的密码文件
for line in passFile.readlines():
    try:
        password = line.strip('\n')
        zfile.extractall(path='C:\\Users\\Administrator\\Desktop\\',
members=zfile.namelist(), pwd=password.encode('utf-8'))
        break
    except:
        print("又错了")
```

pwd.txt 文件中只是放一些你想去尝试的密码，同读取你设置的密码进行轮循匹配，如果解压成功，密码匹配就会成功，解压失败，则会被异常捕获到，进入下次判断。

7.4 自定义模块

编写代码其实就像是一个造轮子的过程，使用别人提供的模块就像是省去了重复造轮子，毕竟有现成完善的模块，我们大可不必花费精力重造，无论从开发效率还是代码复用上都是一个很好的选择。

但是相信每个人都有一颗想要造轮子的心，这一节我们就来自己造一个轮子（发布一个你自己的模块，以供他人下载使用）。

 在程序世界里面，我们习惯性地把重复做某一件事情描述为重复造轮子。

7.4.1 如何自定义一个自己的模块

Python 中的每一个后缀名为.py 的文件其实都可以理解为一个模块，它们之间可以互相导入引用，这样除了有丰富的内置模块和第三方库（https://pypi.python.org/pypi）外，还可以灵活地使用自定义模块实现各种功能。

下面创建一个 module.py 文件，编写如下代码：

```python
name="张三"
def SayHi():
    print("hello everyone")
```

代码中包含了变量 name 和 SayHi 方法，module.py 就可以理解为一个模块，当需要在其他地方用到时，只需把 module 模块引入过来即可。

7.4.2　发布自定义模块到 PyPI

PyPI（Python Package Index）是 Python 官方的第三方库的仓库，所有人都可以下载第三方库或上传自己开发的库到 PyPI。PyPI 推荐使用 pip 包管理器来下载第三方库。你可以自己造一个轮子（模块）发布到 PyPI 上。

轮子的功能完全取决于你（创造者），这里我们先写一个简单的轮子。写书时，圣诞节刚刚过去不久，我们就来写一个圣诞树吧！功能上并没啥用，但是目的是让轮子上线！

✍1 先造一个轮子。创建 shengdanshu.py 文件，编写如下代码：

```
def paintleaves(m):
    for i in range(m):
        if(i == 10):
            print(' '*(m-i) + '*'*( 2*i + 1-len( 'happy Christmas')) + 'happy
Christmas'+ ' '*(m-i))
            continue
        if(i == 20):
            print(' '*(m-i) + '*'*( 2*i + 1-len( 'happy Christmas')) +'happy
Christmas'+ ' '*(m-i))
            continue
        if(i == m-1):
            print(' '*(m-i) + 'happy Christmas'+ '*'*( 2*i + 1-len( 'happy
Christmas')) + ' '*(m-i))
            continue
        print(' '*(m-i) + '*'*(2*i + 1) + ' '*(m-i))

def paintTrunk(n):
    for j in range (8 ):
        print(' '*(n - 5) + '*'*10 + ' '*(n - 5))


paintleaves(30)
paintTrunk(30)
```

运行结果如图 7-13 所示。

一个圣诞树就出来了。在这个.py 文件里面大家可以随意去编写内容，做一些公共的模块，可供其他人使用。

图 7-13　运行效果图

2　发布你的轮子——注册账号。

　　接下来进入正题了，如何发布自己的模块到 PyPi 中？第一件事情，需要先有一个 PyPi 的账号。想让你的轮子能被所有人下载，首先得把轮子共享出去，不然别人访问不到。打开官网（轮子集中营）地址（https://pypi.python.org/pypi），按照右侧的导航单击 Register 进行注册（见图 7-14）。

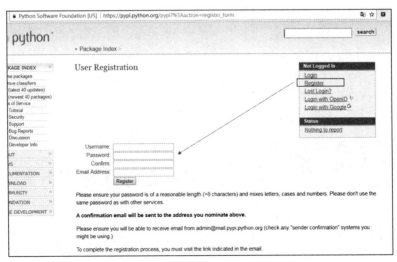

图 7-14　注册页面

　　注册完成后，会给你注册的邮件发一封验证邮件。注意，这个验证邮件要求单击激活账户，这个一定不能省略，不然会影响后面发布的流程，提示账户问题发布失败。

3　发布你的轮子——创建 setup.py 文件。

在轮子的目录下创建一个 setup.py 文件，内容如下：

```
from distutils.core import setup

setup(
    name = '下载的模块名',
    version = '1.1.0',
    py_modules = ['你的轮子名'],
    author = '你注册的账号',
    author_email = '你注册的邮箱',
    url = '一个地址，比如 github 轮子下载地址啥的 ',
    description = '轮子的描述'
    )
```

4　发布你的轮子——将自己的 Python 文件打包。

执行完下面的指令后，会将刚刚编写的 Python 文件进行打包，生成一个 dist 文件夹，包含打包后的压缩文件（这一步很重要，最后要上传的文件就是这个压缩文件）。

```
python setup.py sdist
```

5　发布你的轮子——安装第三方包。

第三方的模块安装有两种方式，一种是前面经常使用的 pip install 模块名，另一种是提前下载好要安装的模块，通过 setup.py install 进行安装。

自己的模块发布后，如需使用也需要先进行安装（两种安装方法都可以）。下面演示第二种安装方法——执行下面的指令完成安装：

```
python setup.py install
```

6　发布你的轮子——上传到 PyPi。

这个地方的上传借助于 twine 完成，所以需要安装 twine：pip install twine。

接下来输入"twine upload dist/*"去上传模块文件，执行后会提示要求你输入 pypi 的账号和密码，按照提示输入即可。

> 输入密码的时候，在 cmd 中你既看不见输入的内容也看不见***，不用管它，两遍输入的密码一致即可。

当提示上传成功之后，可以打开 pypi 网站，登录你的账号，在右侧可以看到你上传的文件（见图 7-15），上面的名字也正是其他人下载的时候需要去输入的名字（pip install 名字）。

图 7-15　登录后页面

7 **使用发布后的轮子。**

成功登录 pypi 后，可以在右侧下方看到成功上传的文件，应该如何使用？首先通过 pip 进行下载，即 pip install pychristmas（这个是我已经成功发布的，大家在使用的时候可以直接下载）。下载完成后，创建一个空文件，导入你的模块名（此处我发布的 demo 为：import shengdanshu）轮子完毕。使用方式和前面使用其他第三方模块的方法一样。

7.5　小结

本章给大家介绍了 Python 中最为强大的模块功能，不管是内置模块还是第三方模块。当然第三方模块还有很多，书中只是列举了一部分，更多的模块信息可以到 PyPi 上面搜索。学习模块更多的是学习如何学习模块，因为模块太多，没有任何一本书可以帮你讲全，要学会学习的方法。

7.6　编程练习

本节的收尾是一道机试编程题，学习了各种各样的轮子，这道题是一道发散思维题：想一想你可以造一个什么样的轮子，功能有什么，对其他使用者有什么帮助。发布你的轮子到 PyPi 上面，发布以后可以告诉你身边的朋友一起来使用。

第 **8** 章

文件读写和异常处理

本章我们将围绕文件读写和异常处理进行学习，包括文件的读取、写入、异常的标准结构及自定义异常、引发异常等。

8.1　读取文件

在 Python 中，文件的操作应用非常多，比如大数据领域，涉及许多数据处理请求，基本上都是先将数据保存到本地文件，再从文件对数据进行分析、抽取、重写进行梳理数据。文件就是数据的载体，如图 8-1 所示。

文件读写是一种常见的 IO 操作，由于操作 I/O 的能力是由操作系统提供的，且现代操作系统不允许普通程序直接操作磁盘，因此读写文件时需要请求操作系统打开一个对象，这个对象就是我们在程序中要操作的文件对象。Python 内置了读写文件的函数，通过这些函数就可以达到操作文件的目的。

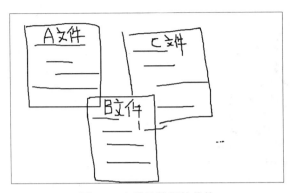

图 8-1　文件是数据的载体

8.1.1　如何打开文件

　　想要打开一个桌面文件（见图 8-2），在 Windows 系统上面双击即可，那么如何通过 Python 代码打开这份文件呢？Python 提供了 open()函数可以打开文件，打开文件的语法如下：

```
open(name[,mode[buf]])
#name：要打开的文件路径（必填）
#mode:打开方式/模式（选填）
#buf：缓冲 buffering 大小（选填）
```

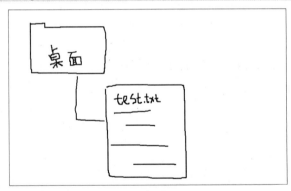

图 8-2　桌面文件

　　只是简单的读取文件，填写完第一个参数就可以了，如果需要对文件进行写入或者追加操作，就需要对打开方式/模式进行设置了。mode 的取值见图 8-3。

　　了解了打开文件的方法，下面来打开 test.txt，代码如下：

```
fileobj=open("test.txt","r")
```

　　代码中使用 open()函数打开 test.txt 文件，注意要打开的文件和代码文件须在同一路径下，第二个参数设置为 r（只读模式）。

图 8-3　mode 取值

　　open()函数返回的是一个 file 对象，有 file 对象才能进行后续的读写操作，虽然现在打开了文件，但没有进行后续的操作，依旧看不到任何效果。

8.1.2　文件读取三部曲

　　如何把大象放入冰箱，请看图 8-4。

图 8-4　把大象关冰箱

　　文件的读写步骤与把大象放入冰箱类似，可通过 3 个步骤来完成，见图 8-5。

图 8-5　文件读写步骤

现在要将文件中的内容打印出来，需要用到读取的方法。下面先来认识一下：

- read([size]): 读取文件（读取 size 字节，默认读取全部）。
- readline([size]): 读取下一行，需要配合 for in 来使用。
- readlines([size]): 读取缓冲 buf(io.DEFAULT_SET_BUFFER)，返回每一行所组成的列表，整个文件放到一个迭代器以供我们遍历。

将 test.txt 中的内容全部打印出来，需使用 read() 函数进行读取，具体代码如下：

```
fileobj=open("test.txt","r")        #第一步打开文件
data=fileobj.read()                 #通过 File 对象读取文件
print(data)                         #打印读取后的内容
```

 注意，read() 函数不传递参数的时候，默认读取整个文件，当文件太大的时候我们不建议直接通过 read() 一次读取完成，可以选择 readlines() 函数分行来读取。

好了，这就完成了一个文件读取的步骤。

仔细看一下步骤图 8-4，丢了关上冰箱门那一步（见图 8-6）。记住，当你读取文件完成后需要使用 close() 方法关闭文件，再来完善下一代码：

```
fileobj=open("test.txt","r")#第一步打开文件
data=fileobj.read() #通过 file 对象读取文件
print(data) #打印读取后的内容
fileobj.close() #关闭文件。关闭后文件不能再进行读写操作。
```

这下就全部搞定了。

图 8-6　丢了一步

8.1.3 语法糖

注意，每次操作完都需要调用 close()，千万不要丢掉，否则有可能由于文件长时间执行占用大量系统资源，导致文件死锁，但每次打开都要关闭很麻烦，那么如何排除烦恼呢（见图 8-7）？

图 8-7 如何不用写 close

当然有好的办法，Python 中提供了一种 with 语法糖编程方法来解决这个问题，来看一下代码：

```python
with open("test.txt","r",encoding="utf-8") as f:
    for line in f:
        print(line)
```

运行结果和前面一样，也可以正常运行，在后面编写代码时就可以选择 with open 这种形式。

语法糖（Syntactic sugar）也译为糖衣语法，是由英国计算机科学家彼得·约翰·兰达（Peter J. Landin）发明的一个术语，指计算机语言中添加的某种语法，这种语法对语言的功能并没有影响，但是更方便程序员使用。通常来说使用语法糖能够增加程序的可读性，从而减少程序代码出错的机会。

8.1.4 lrc 歌词读取

有一首歌《我们不一样》很火，"我们不一样（见图 8-8），每个人都有不同的境遇⋯⋯"咳咳，又跑调了，毕竟写代码才是程序员的强项。现在利用前面刚刚预热学习的文件读取来读取一下这首歌曲的 lrc 歌词，首先手动将歌词从网上搜索复制下来（觉得太麻烦？别担心，当你学会后面的爬虫章节内容后就不用手动复制了）放在 song.txt 中，此时目录结构如图 8-9 所示。

图 8-8　我们不一样

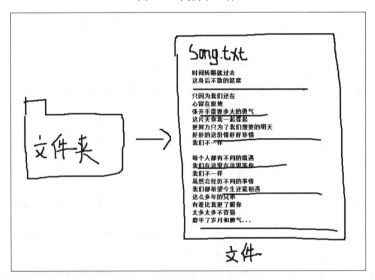

图 8-9　《我们不一样》歌词

这个时候换一个 readlines() 方法来完成，结合 8.1.3 小节中的语法糖：

```
with open("song.txt","r",encoding="utf-8") as f:
    for line in f:
        print(line)
```

伴随着旋律歌词就读取完毕了，有些歌词是念不下去的，总是要唱出来的，运行结果见图 8-10。

```
1  with open("song.txt","r",encoding="utf-8") as f:
2      for line in f:
3          print(line)
```

问题   输出   调试控制台   **终端**   2: Python

Windows PowerShell
版权所有 (C) 2009 Microsoft Corporation。保留所有权利。

PS C:\Users\Administrator\Desktop\pygame> & python c:\Users\Administrator\Desktop\class.py
这么多年的兄弟

有谁比我更了解你

太多太多不容易

磨平了岁月和脾气

时间转眼就过去

这身后不散的筵席

只因为我们还在

图 8-10   运行结果

8.2　写入文件

文件读取成功后，总需要对文件做一点改变，比如向文件中增加内容或删减文件中的内容，这个操作都是通过文件写入来实现的（见图 8-11）。

图 8-11　文件写入

写入文件的方法如下：

- write()：将字符串写入文件，返回的是写入的字符长度。
- writelines()：和 readlines()方法对应，也是针对列表的操作。它接收一个字符串列表作为参数，将它们写入到文件中，换行符不会自动加入，因此需要显式地加入换行符。

当你调用写入文件的方法时，需要注意 open 的打开模式，只读模式无法完成文件写入操作。

使用写入方法完成内容的写入（写入效果对比如图 8-12 所示）：

```
f1 = open('test1.txt', 'w')
f1.writelines(["1", "2", "3"])
f1.close()
# 此时 test1.txt 的内容为:123
```

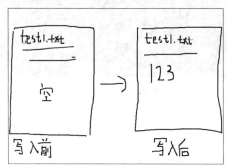

图 8-12　文件写入效果图

再来看一个文件写入的案例（见图 8-13），在内容中加入换行符，看看有什么不同。修改后代码如下：

```
f1 = open('test1.txt', 'w')
f1.writelines(["1\n", "2\n", "3\n"])
f1.close()
#    此时 test1.txt 的内容为:
#    1
#    2
#    3
```

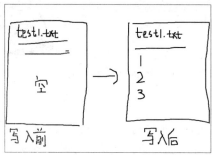

图 8-13　文件写入效果图

8.3 异常处理

编码的过程中并不会永远一帆风顺，经常会遇到一些 Bug，程序员排查 bug 的过程就叫 DeBug，那么当找到 Bug 的源头时，需要针对这个 Bug 进行异常处理，也就是非正常情况的处理办法。

举个例子说明什么是不正常情况，比如正常打开淘宝的过程，输入地址就可以，如果不小心写成 http://www.taobao.com/a 就会看到图 8-14 所示的这幅图。

图 8-14 错误处理

其实这就是对于非正常情况（异常）的一个处理，那么处理和不处理有什么区别呢？当程序知道了这种非正常情况（异常）时可以给出很友好的提示和后续操作，不会让程序发生崩溃。

小故事：Bug 的由来

Bug 一词的原意是"臭虫"或"虫子"。现在，在电脑系统或程序中，如果隐藏着的一些未被发现的缺陷或问题，人们也叫它"Bug"。第一代的计算机是由许多庞大且昂贵的真空管组成的，并利用大量的电力来使真空管发光。可能正是由于计算机运行产生的光和热，引得一只小虫子（Bug）钻进了一支真空管内，导致整个计算机无法工作。研究人员费了半天时间，总算发现原因所在，把这只小虫子从真空管中取出后，计算机又恢复正常。后来，Bug 这个名词就沿用下来，表示电脑系统或程序中隐藏的错误、缺陷或问题。

8.3.1　什么是异常

异常（Exception）是程序在运行过程中发生由于外部问题（如硬件错误、输入错误）等导致的程序异常事件。在 Java/Python 等面向对象的编程语言中，异常本身是一个对象，产生异常就是产生了一个异常对象。

异常与错误的区别：异常（见图 8-15）都是运行时产生的，编译时产生问题的不是异常，而是错误（Error）。需要注意的是，程序设计导致的错误不属于异常。

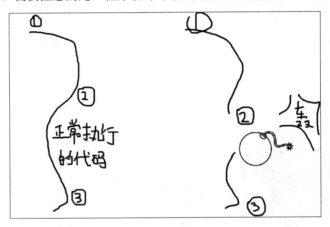

图 8-15　异常图

虽然，每个程序员希望自己编写的程序不出现异常，但往往并不容易做到。一次在 Github 上看到一个项目说教人写出永无 Bug 的程序，他在 readme 里面写道：不写代码就永无 Bug。显然这是一个笑话。Grace Murray Hopper 说过："停在港口的船很安全，但那不是我造船的目的（A ship in port is safe,but that is not what ships are built for）。"所以不要害怕 Bug，只有经历过 Bug 的洗礼你的程序之路才会更远。

8.3.2　标配的异常结构

下面来看一个标准的异常捕获的代码块，语法结构如下：

```
number="hello"
try:
    #有可能出错的语句
    number=int(number)
except Exception:
    print("出错了")
```

在上面的代码中，try 后面的语句块表示有可能出错的语句，而 except 后面跟的语句块则是当出错了以后去执行的语句。在代码中定义了一个字符串变量，在 try 里面将它转换为 int 类型，但是程序无法完成字符串转换到数字，于是会提示报错，报错后由异常机制捕获，交给 except 内的语句执行，避免了程序崩溃并给出了很好的提示信息。

except 后面指定了报错的异常类。在 Python 中，重要的内置异常类见表 8-1。

表 8-1　Python 异常类

异常类	描述
Exception	常规错误的基类
AttributeError	对象没有这个属性
IOError	输入/输出操作失败
IndexError	序列中没有此索引（index）
KeyError	映射中没有这个键
NameError	未声明/初始化对象（没有属性）
SyntaxError Python	语法错误
SystemError	一般的解释器系统错误
ValueError	传入无效的参数

当然还有很多，如果 except 后面不对异常类进行指定，那么所有的错误都将进入到 except 中。

8.3.3　处理多个异常

except 后面跟着有可能的异常类型，当有多个异常类型需要处理的时候，可以添加多个 except 语句（见图 8-16），代码如下：

```
number="hello"
try:
    #有可能出错的语句
    number=int(number)
except ValueError:
    print("传入参数异常")
except IOError:
    print("输入/输出错误")
```

当代码运行时，出现匹配成功的异常则进入执行，如果异常类型并不在多个 except 中，则没有效果。

图 8-16　累挂了

这样写下去发现要写上十几个异常类型还不够，有没有覆盖范围广一些的呢？这个时候可以选择常规错误的基类（Exception），当代码出现错误时使用 Exception 可以捕获到常规的异常，不需要一个一个指定（如果 except 后面没有指定默认的是 Exception），具体代码如下：

```python
number="hello"
try:
    #有可能出错的语句
    number=int(number)
except Exception:
    print("丢给你一个异常")
```

8.3.4　异常补充点

除了标配的异常结构（try...except），在 except 后面可以跟上 else 语句，表示当捕获异常后执行的 else 语句，若没有异常则 else 不执行。

```python
number="hello"
try:
    #有可能出错的语句
    number=int(number)
except Exception:
    print("丢给你一个异常")
else:
    print("处理完错误后执行的代码段")
```

代码中定义了一个变量 number，赋值为"hello"，在 try 中进行转换，很明显我们无法将一个字符串转换为数字类型，这时会引发异常，进入到 except 捕获异常，输出设定好的异常信息，而 else 内的语句也打印出来了。

除了 else 外，还有 finally。写在 finally 内的语句是不管有没有出现异常都会执行的代码。

```
number="hello"
try:
    #有可能出错的语句
    number="1"
except Exception:
    print("丢给你一个异常")
finally:
    print("都会执行的语句")
```

上述代码将 try 中的内容进行了修改，对 number 变量进行了重写赋值，并没有引发任何异常信息，except 设定的异常不会被触发，finally 内的语法是无论是否发生异常都会执行的语句，这时运行代码输出结果为"都会执行的语句"。

8.3.5　自定义异常

Python 内置了许多异常类，但是很难满足我们所有的需求，如果在程序中想要自己指定异常类型，可以自定义异常，也可以手动引发异常。在 Python 中，只需继承 Exception，就可以实现自定义异常类。自定义异常代码如下：

```
class newException(Exception):
    pass
```

如何手动引发异常？很奇怪，我们都希望代码顺利地执行，为什么还要手动引发异常呢？这是因为有些时候当程序出现异常问题时，如果还继续运行就可能导致数据的不准确性或系统的其他问题，此时手动引发异常就很有必要了——发现不对的苗头应立刻进行异常处理，以保证程序正确执行。引发异常代码如下：

```
def testRaise():
    raise newException('errormsg')
```

8.4　小结

打开各大招聘网站，不管招聘什么语言的程序员都有一个共同的要求，就是要有工作经验，而且重要程度高达 5 颗星。为什么企业希望有工作经验的人加入？比如你之前的 A 公司是做金融的、B 公司是做教育的，那么两个企业的业务主线完全不同，似乎工作经验并不能直接套用，企业要求有工作经验，其实指的是你解决问题的能力和设计程序的思想。

刚毕业的"小白"和工作多年的"大鸟"（见图 8-17），他们最大的区别就在这些经验上，所以初学者最不应该惧怕的就是 Bug，反而要尽可能地踩更多的坑，遇到更多的 Bug。

图 8-17　作者向你丢了一堆 Bug

8.5　编程练习

根据下列给出的代码添加异常处理，在有可能出错的位置添加，并给出对应的异常处理。

```python
f1 = open('test.txt', 'r')
f1.writelines(["1", "2", "3"])
f1.close()
```

第9章

操作数据库

数据如何存储是任何一个程序都需要重视的问题，本章以 MySQL 为例，带领大家快速学习 Python 操作数据库的方法。

9.1 数据库介绍

9.1.1 认识数据库

人类在进化的过程中，创造了数字、文字、符号等来进行数据的记录，最开始是在石头和龟壳上面画（见图 9-1），到时候再数。随着认知能力和创造能力的提升，数据量越来越大，对于数据的记录和准确查找成为了一个重大难题。

数据库（Database）就是按照数据结构来组织、存储和管理数据的仓库，就像之前古代粮仓放的都是粮食一样，数据库里存放的是数据（见图 9-2）。如果你使用过 Excel，理解数据库并不困难。

图 9-1　古代计数

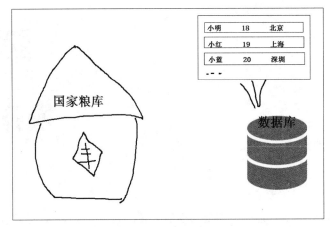

图 9-2　理解数据库

我们来看一下图 9-3 所示的 Excel 表格。

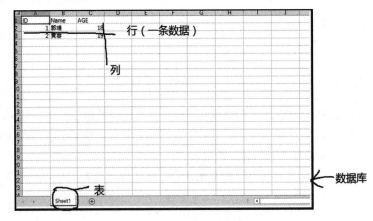

图 9-3　理解数据库概念

Excel 的工作簿可以理解为数据库，数据库的表就是 Excel 表格，表格中有行和列。数据库中的数据是一条一条存储的。数据库其实就是一个大的容器，一个数据库下可以有很多个表，表的划分根据业务需求来定，例如古代粮仓囤放粮食也会分为水稻粮食类、五谷类等。

表中放的就是一条条具体的数据了，这是数据库中最关键的内容，每条数据由多个字段组成，也就是 Excel 表中的列。平时当你打开浏览器或者终端产品所看到的内容其实都是表中的一条条数据组合出来的，表里的列就是字段，在设计数据库的初期设定。

9.1.2 数据库设计的 E-R 模型

在真实项目开发期间常会涉及数据库设计，那么如何设计数据库呢？数据库的设计要依据需求分析和项目来考虑，设计出更加高效的结构。

数据库设计阶段，一般会通过工具（Visio/PowerDesigner..）绘制 E-R 图（Entity Relationship Diagram，实体-联系图）。E-R 图提供了表示实体类型、属性和联系的方法，用来描述现实世界的概念模型。

E-R 模型最早由 Peter Chen（陈品山）于 1976 年提出，当前物理的数据库都是按照 E-R 模型进行设计的（E 表示 entry，实体；R 表示 relationship，关系），一个实体转换为数据库中的一个表，用关系描述两个实体之间的对应规则，关系包括一对一、一对多、多对多。

- 一对一：一个技术部只有一个技术总监，那么技术部和技术总监之间的关系则是一对一的，如图 9-4 所示。

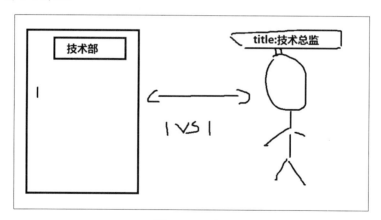

图 9-4 一对一

- 一对多：一个程序员可以负责多个程序的开发，则程序员和程序之间的关系是一对多，如图 9-5 所示。
- 多对多：一个学生可以报名多门课，而每门课也可以有多个学生，则学生和课程之间的关系为多对多，如图 9-6 所示。

图 9-5　对多

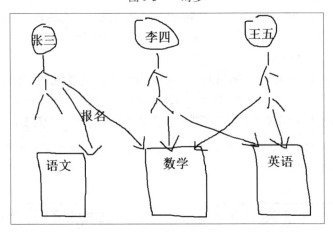

图 9-6　多对多

9.2　MySQL基础

　　MySQL 是一个小型关系型数据库管理系统，开发者为瑞典 MySQL AB 公司。在 2008 年 1 月 16 号被 Sun 公司收购。而 2009 年，SUN 又被 Oracle 收购。MySQL 是一种关联数据库管理系统，关联数据库将数据保存在不同的表中，而不是将所有数据放在一个大仓库内。这样就增加了速度并提高了灵活性。

　　MySQL 的 SQL（结构化查询语言）是用于访问数据库的常用标准化语言。MySQL 软件采用了 GPL（GNU 通用公共许可证）。其体积小、速度快、总体拥有成本低，尤其是开放源码这一特点，使许多中小型网站为了降低网站总体拥有成本而选择 MySQL 作为网站数据库。

9.2.1 MySQL 安装

数据库用的比较多的就是 MySQL 了。无论是企业还是个人开发者，都是一个不错的选择。MySQL 安装文件分为两种：一种是 msi 格式，一种是 zip 格式。msi 格式可以直接单击"安装"，按照给出的提示进行安装，较为简单。zip 格式解压后，通过配置进行安装使用。本小节将介绍 Windows 操作系统下 zip 格式的安装，选择的 MySQL 版本是 8.0.13。

1 通过浏览器打开 https://dev.mysql.com/downloads/mysql/ 下载地址（见图 9-7）。

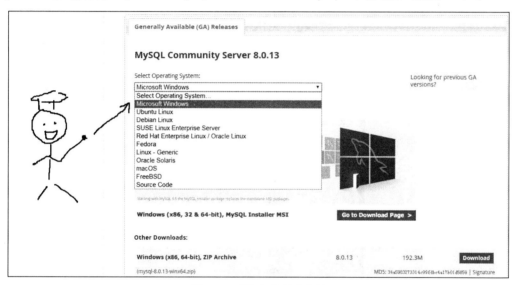

图 9-7 下载安装所需文件

在 Select Operating System 选项中选择对应自己电脑系统的版本下载，这里我们选择 Microsoft Windows。

2 下载完成后，将压缩包解压到想要安装的目录下，并新建一个配置文件 my-default.ini，输入下面的内容。

```
[mysql]
# 设置 mysql 客户端默认字符集
default-character-set=utf8
[mysqld]
# 设置 3306 端口
port = 3306
# 设置 mysql 的安装目录
```

```
basedir=E:\mysql
# 设置 mysql 数据库的数据存放目录
datadir=E:\mysql\data
# 允许最大连接数
max_connections=20
# 字符集的编码格式
character-set-server=utf8
# 创建新表时将使用的默认存储引擎
default-storage-engine=INNODB
```

3 以管理员身份启动 cmd，搜索出现 cmd 后单击鼠标右键，如图 9-8 所示。

图 9-8　以管理员身份启动 cmd

4 在 cmd 命令行工具中，进入安装目录下的 bin 文件夹中，执行 mysqld install 命令安装 MySQL，当看到提示信息 "Service successfully installed" 即安装，并通过命令 mysqld --initialize 进行初始化。

```
E:\mysql\bin> mysqld install
Service successfully installed
E:\mysql\bin> mysqld --initialize
```

5 通过 net start mysql 命令启动 MySQL 服务。

```
E:\mysql\bin> net start mysql
MySQL 服务正在启动...
MySQL 服务已经启动成功.
```

6 通过 mysql -u root -p 命令登录 MySQL。

```
E:\mysql\bin> mysql -u root -p
Enter password:
```

进行登录时会要求输入密码，在第 4 步中当我们输入初始化命令（mysqld --initialize）时，在 data 文件夹中已经生成好了一个以.err 为结尾的文件保存初始密码。

使用记事本打开该文件，找到 A temporary password is generated for root@localhost，每台机器随机生成的密码并不相同，这里的密码为"iofps-lbR6>r"，使用此密码即可登录成功。

```
2018-12-13T07:11:59.239933Z 5 [Note] [MY-010454] [Server] A temporary
password is generated for root@localhost: iofps-lbR6>r
```

登录成功后，我们看到的效果如图 9-9 所示。

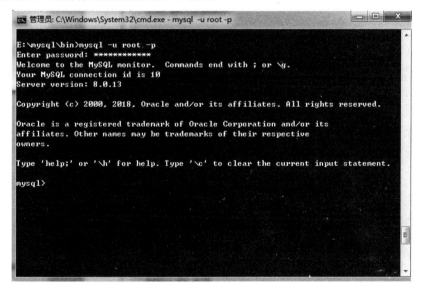

图 9-9　登录成功

9.2.2　常用命令

数据库安装成功后，通过 mysql -u root -p 命令登录 MySQL，通过 mysql 命令进行操作。

（1）创建数据库。

```
mysql> create database mydb;
Query OK, 1 row affected (0.00 sec)
```

（2）列出 MySQL 数据库管理系统的数据库列表。

```
mysql> show databases;
+--------------------+
| Database           |
+--------------------+
| information_schema |
| mysql              |
| performance_schema |
| sys                |
| mydb               |
+--------------------+
5 rows in set (0.00 sec)
```

（3）切换数据库，选择要操作的数据库后续的命令都将作用于此数据库。

```
mysql> use mydb;
Database changed
```

（4）创建数据表。

```
mysql> create table student(id int auto_increment,age int,name varchar(20),
primary key(id));
Query OK, 0 rows affected (0.04 sec)
```

（5）列出当前指定数据库下的所有表。

```
mysql> show tables;
+----------------+
| Tables_in_test |
+----------------+
| student        |
+----------------+
1 row in set (0.00 sec)
```

（6）向数据表中添加数据。

```
mysql> insert into student (name,age) values ('amy',18);
Query OK, 1 row affected (0.01 sec)
```

由于 student 表在创建时指定 id 为自动增长字段，所以在添加数据时我们无须再为 id 进行传值，即只给 name、age 字段指定值即可。

查询数据

```
mysql> select * from student;
+----+------+------+
| id | age  | name |
+----+------+------+
|  1 |  18  | amy  |
+----+------+------+
1 row in set (0.00 sec)
```

修改数据

```
mysql> update student set age=20 where id=1;
Query OK, 1 row affected (0.01 sec)
Rows matched: 1  Changed: 1  Warnings: 0
```

删除数据

```
mysql> delete from student where id=1;
Query OK, 1 row affected (0.01 sec)
```

 SQL 是用于访问和处理数据库的标准的计算机语言。使用 SQL 可以帮助我们操作 Oracle、Sybase、SQL Server、DB2、Access 等数据库。本小节中所涉及的 insert、update、select、delete 为 SQL 语句中基本的增删改查语句。如果你想学习更多 SQL 语句的语法及高级应用，可以自行在 w3c（http://www.w3school.com.cn/sql/index.asp）上进行学习。

9.2.3　可视化工具

除了通过 mysql 命令进行操作外，还可以通过可视化工具进行操作，在实际工作中这种便捷的界面操作更受青睐。可视化工具有很多，本节选用的是 Navicat for MySQL。Navicat 是一款快速、可靠的数据库管理工具，对于 MySQL 来说，Navicat 工具是一个强大的数据库管理和开发工具。它可以跟任何版本的 MySQL 数据库服务器（3.21 版或者以上版本）一起工作，并且支持 MySQL 大多数最新的功能。

Navicat for MySQL 的安装非常简单，这里不再对安装过程进行赘述，下面主要来讲解一下 Navicat for MySQL 的使用方法。

1 连接数据库，单击鼠标右键，选择"打开连接"，如图 9-10 所示。

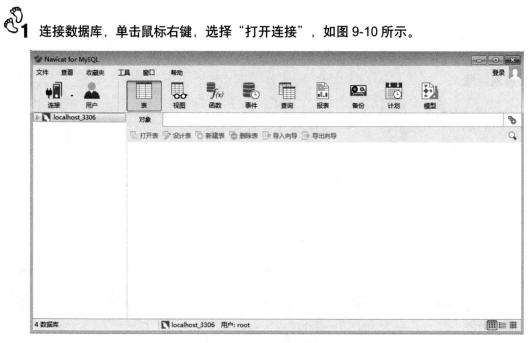

图 9-10　打开连接

2 新建数据库，如图 9-11 所示。

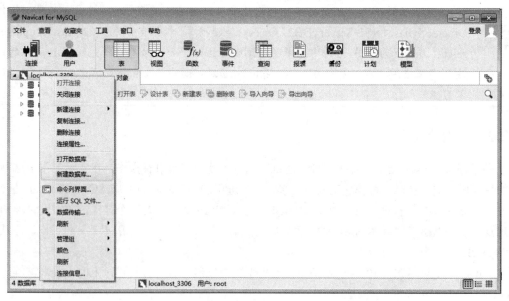

图 9-11　新建数据库

3 新建数据表，如图 9-12 所示。

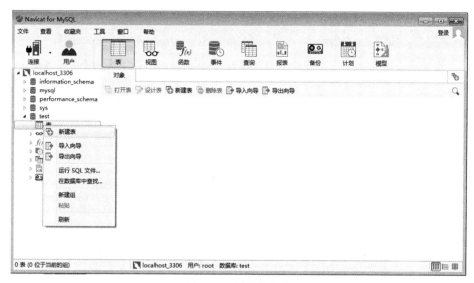

图 9-12 新建数据表

在创建好的数据库下，通过右键的快捷菜单可以新建表，一个数据库下可以包含多个表。关于数据表的设计可以根据具体的业务需求进行分析。

4 查看数据表，如图 9-13 所示。

图 9-13 查看数据表

数据表创建完成后，可以在表中插入数据，双击表名即可查看数据表，预览表中的数据，可以手动在预览界面上进行编辑操作。

5 删除数据表，如图 9-14 所示。

图 9-14　删除数据表

若遇到不需要的数据表，则可在表名处单击鼠标右键，在快捷菜单中选择删除表操作，但是一定要核实要删除的表，注意表中的数据是否和其他表还有外键关联，避免出现数据错误或误删等操作。

Navicat for MySQL 的操作非常便捷也很简单，在其中还隐藏着更多的功能，只要熟练进行操作就能很快掌握这个软件的使用。

9.3　Python操作MySQL数据库

Python 中提供了第三方模块 pymysql，可以帮助我们更加简单地对 MySQL 数据库进行操作。下面我们先来看一下 pymysql 模块的安装方法。

可以使用以下命令来安装 pymysql 模块（见图 9-15）：

```
pip install pymysql
```

图 9-15 安装 pymysql

安装了 pymysql 模块后，就可以来操作 MySQL 数据了，这些操作包括对创建表的添加、修改、查询、删除操作，其中最为重要的是查询。

9.3.1 建立数据库连接

操作数据库的第一步就是先建立一个连接，就好像你要打电话需要先拨出号码一样，代码如下：

```
import pymysql

conn=pymysql.connect(host='127.0.0.1', port=3306, user='root',
passwd='123456', db='test',charset="utf8").
```

代码中首先引入 pymysql 模块，再通过 connect 创建连接，其中有一些参数，含义如下：

- host 表示主机（本机的话是 127.0.0.1 或者 localhost，后期部署的时候会改成公司服务器的 IP）。
- port 表示端口号，MySQL 默认的端口号为 3306。
- user 表示登录用户，MySQL 默认为 root。
- passwd 表示登录密码，在安装的时候有填写。
- db 表示要连接的数据库名称。
- charset 表示字符集编码，因为会涉及一些中文显示的问题，就默认设置为 utf-8 。

9.3.2 创建游标对象

上面创建好数据库连接后会返回一个链接对象，通过这个对象完成游标创建。后续对数据库的操作方法都需要通过游标对象进行访问，示例代码如下：

```
cur = conn.cursor()
```

9.3.3 插入操作

现在可以真正操作连接数据库下面的数据了。首先找到需要操作的表，完成一个插入操作，新增一条数据进去，需要使用游标对象下面的 execute()方法，其实就是执行 SQL 语句，返回影响的行数。对 test 数据库中 user 表的添加操作如下：

```
cur.execute("insert into user (loginname,password) values ('zhangsan',
'123')") #执行 SQL
conn.commit()
```

9.3.4 删除操作

刚到公司写 SQL 程序时，最重要的一点就是一定要注意删除语句，如果一不小心在公司的正式库上面删除了正式数据，心情会很复杂。

删除语句的关键点就是一定要指定删除条件，即根据什么进行删除。如果不指定的话就成了删除全部。根据 ID 删除的操作示例代码如下：

```
cursor.execute("delete from user where id=%s", (2))
conn.commit()
```

9.3.5 更新操作

更新其实和删除一样，都要求一定要有一个条件。如果没有指定更新条件，那么整个表都会更新，示例代码如下：

```
cursor.execute("update user set name=%s,pwd=%s where id=%s", ('lisi','123',
1))
conn.commit()
```

9.3.6 查询操作

数据库操作中使用最多的就是查询了，平时浏览网页所看到的内容其实都是通过查询方法返回给前台显示的，而且在后期数据库优化上也更多是在 SQL 语句的查询上。

下面来看一下查询全部用户（user 表），并把用户显示出来：

```
cursor.execute("select * from user")
stus = cursor.fetchall()
for stu in stus:
        print("id:%d; name: %s; pwd: %s; " %(stu[0], stu[1], stu[2]))
```

上面的 fetchall()方法是查询全部，还可以只查询一条，比如当用户登录的时候，其实你查询的语句应该就需要返回一条数据，其他的语句都不需要变化，只需要把方法换成 fetchone。

```
cursor.execute("select * from user where name='zhangsan' and pwd='123' ")
stus = cursor. fetchone ()
```

9.4 小结

通过上面的内容已经完成了 Python 下操作 MySQL 的方法，还有一些基础的 SQL 语句。学会了 MySQL，就等于开启了关系型数据库的一扇门，后面再学习 Orcale、SQL Server 等就很容易了。

9.5 编程练习

本节的收尾工作是动手题，自己下载 Orcale/SQL Server 进行安装，在安装的软件内完成基本的增删改查操作，目的就是熟悉其他数据库，其实就是熟悉其他软件，毕竟语法都差不多。

第 **10** 章

Django 架站

前面各章重点介绍了 Python 编程的基本知识，从本章开始我们介绍 Python 常用的 Web 框架 Django，并以博客项目为主线提高读者使用 Python 开发 Web 应用的能力。

10.1　Django介绍

Django（见图 10-1）是一个高级 Python Web 框架，由经验丰富的开发人员构建，可以处理 Web 开发中的大部分问题，尤其广泛用于架设 Web 网站。使用 Django 你可以专注于编写应用程序，而无须重新发明轮子。重点是它还是一个免费且开源工具。

图 10-1　理解 Django

10.1.1　Django 起源

在 Web 发展的初期，开发者需要手动编写页面（见图 10-2），每天网站都要编辑 HTML、加入设计等，随着网站体量的增大，这种方式立马变得烦琐起来，效率也极其低下。

图 10-2　Django 起源 1

Django 是从真实世界的应用中成长起来的，是由堪萨斯（Kansas）州 Lawrence 城中的一个网络开发小组编写的。诞生于 2003 年秋天，那时 Lawrence Journal-World 报纸的程序员 Adrian Holovaty 和 Simon Willison 开始用 Python 来编写程序（见图 10-3）。

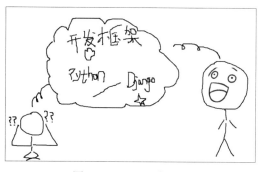

图 10-3　Django 起源 2

当时他们的 World Online 小组制作并维护当地的几个新闻站点，这些站点包括 LJWorld.com、Lawrence.com 和 KUsports.com，管理层要求增加的特征或整个程序都能在计划时间内快速建立，因此 Adrian 和 Simon 开发了一种节省时间的网络程序开发框架，这是在截止时间前能完成程序的唯一途径。

2005 年的夏天，当这个框架开发完成时，它已经用来制作了很多个 World Online 的站点。当时 World Online 小组中的 Jacob Kaplan-Moss 决定把这个框架发布为一个开源软件。

从此之后的数年，Django 逐渐成为一个拥有数以万计的用户和贡献者、在世界广泛传播的完善开源项目。

10.1.2 理解 MVC 和 MVT

在大部分开发语言中都有 MVC（Model View Controller，见图 10-4）框架：M 表示模型，主要用于对数据库层的封装；V 表示视图，主要用于向用户呈现结果；C 表示控制器，是最为核心的一部分，主要用于接收从 V 到 M 之间的处理请求、获取数据、返回结果。

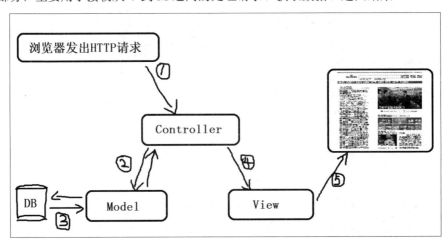

图 10-4　理解 MVC

通过图 10-4 可以发现 MVC 被拆分成独立的小块，每个部分复制自己对应的内容，比如模型只做好和数据库的交互操作，视图只负责展示数据，至于数据是如何加工处理的并不关心。MVC 框架的核心思想就是解耦，降低各功能模块之间的耦合性，方便变更，更容易重构代码，最大程度上实现代码的重用。

Django 采用 MVT（Model View Template）模式，在 MVC 的基础上做了一些变更。其中，M 表示模型，负责和数据库的交互，与 MVC 中 M 的功能一样；V 和 MVC 中 C 的功能一样，负责业务逻辑处理，接收请求，做出响应；T 和 MVC 中 V 的功能一样，负责封装需要返回的 HTML，展示数据。

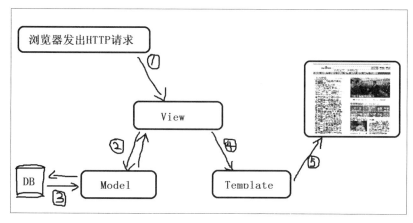

图 10-5　理解 MVT

　　MVT 的工作原理是当用户访问 URL 地址，发送 HTTP 请求后，Django 在 urls.py 中会首先对接收到的 URL 地址进行匹配，匹配到对应的视图函数。在视图函数中，可以通过 HTTPRequest 对象获取传递过来的参数，进行一系列逻辑处理，或者通过 ORM 获取数据，组装完成后，通过 HTTPresponse 做出响应，渲染到 Template 组装好的模板页面，在模板页面里面通过 Django 的标签指令对数据进行遍历或绑定。

　　这里先列出一个执行步骤，其中可能会有一些不太明白的概念，不要着急，在后续章节都会讲到，这里先做一个简要的概述。

10.1.3　安装 Django

　　进入 cmd 后进行安装：pip install Django==1.8.2（1.8.2 为指定的版本）。

　　想要看看自己是否已经安装过，或者是否安装成功可以通过 pip list 查看（见图 10-6）。

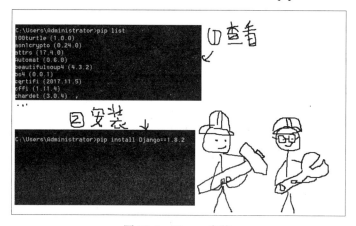

图 10-6　Django 安装

10.2 Django博客项目

下面就让我们使用 Django 来完成一个完整的博客项目。记得下面的步骤要跟着笔者同步进行。来吧，打开电脑准备开始吧（见图 10-7）！

图 10-7　准备开始吧

10.2.1 博客项目功能

首先对要实现的博客功能进行划分，本项目功能模块图如图 10-8 所示。

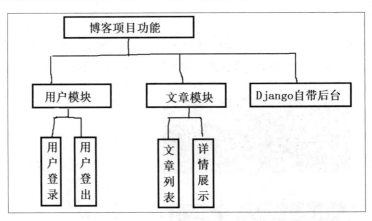

图 10-8　功能清单

10.2.2 项目搭建

 1 创建项目。通过使用 "django-admin startproject 项目名称" 命令创建，如图 10-9 所示。

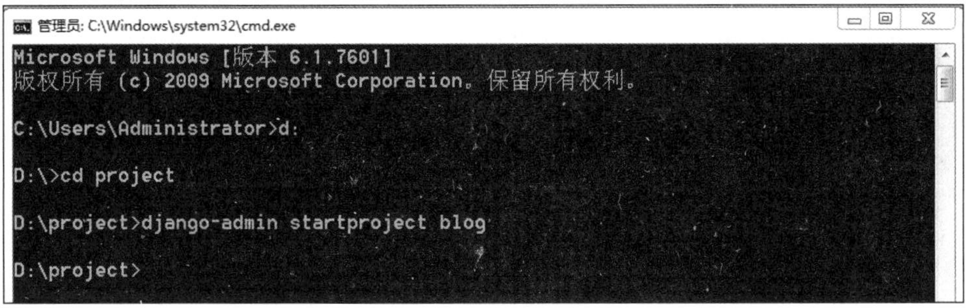

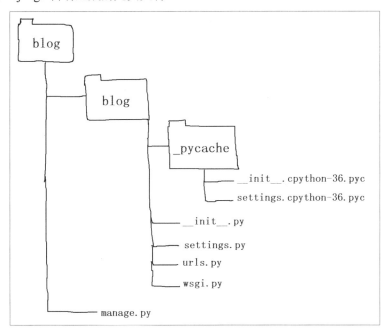

图 10-9　项目创建

　　执行命令后，打开所在目录，得到新的结构图（如图 10-10）。最外层的 blog/根目录是项目的容器，这个目录的名称对于 Django 没有什么作用，你可以自由发挥，但是要注意命名规范。下面介绍一下 Django 自动生成的几员大将。

图 10-10　项目结构图

（1）manage.py：一个命令行实用脚本，会在后面的操作中频繁用到。

（2）blog/__init__.py：一个空文件，目的是让 Python 把这个目录识别为 Python 包。

（3）blog/settings.py：Django 项目的设置/配置。

（4）blog/urls.py：Django 项目的 URL 声明，即 Django 驱动的网站目录。

（5）blog/wsgi.py：兼容 WSGI 的 Web 服务器的入口点，用于伺服项目。

2 创建应用。进入项目文件夹下，输入"python manage.py startapp 名称"（见图 10-11）。

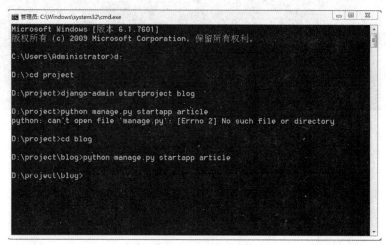

图 10-11　创建应用

执行命令后，打开所在目录，得到新的结构图（见图 10-12）。其中主要文件的意思如下。

- admin.py：admin 后台管理文件。
- models.py：应用的数据模型。
- tests.py：应用的测试文档。
- views.py：处理请求的函数或者类（视图）。

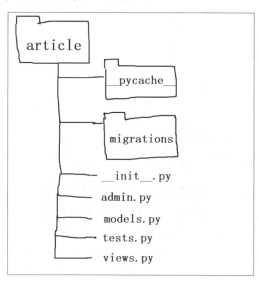

图 10-12　创建应用后的结构图

后面具体的功能代码都是在应用中完成的。"项目"和"应用"的关系可以理解为,项目表示一个网站,而应用则表示网站中的某一个功能。一个网站有可能有多个功能,所以应用也会有多个,会根据业务进行划分。这个项目会将文章和用户分为两个不同的应用进行处理(后面用到的时候再创建用户的应用,现在先不用管它)。

10.2.3　建立模型

在 Django 中,模型表示对数据库中数据结构的描述,模型类中包含字段名称以及字段类型、字段约束,会和数据库中的表相对应。

先来考虑一下文章管理的功能。文章需要哪些信息呢?先随便打开一篇文章,见图 10-13。

图 10-13　参考文章分析字段

通过截图中的文章不难发现,每个文章都会包含标题、作者、发布时间以及文章内容等信息。接下来根据这些信息创建我们的模型类。

在 article/model.py 中创建文章的模型类,代码如下:

```
from django.db import models
from django.contrib.auth.models import User
# Create your models here.
class BlogArticles(models.Model):
    title=models.CharField(max_length=60)      #文章标题
    author=models.ForeignKey(User)             #外键,作者
    content=models.TextField()                 #文字内容
    pubdate=models.DateTimeField()             #发布时间
```

```
class Meta:
    ordering=("-pubdate",)                    #排序

def __str__(self):
    return self.title
```

在模型中定义属性。定义好的属性会生成为表中的字段，定义属性时，需要在字段类型中列出常用的类型以供大家了解（BooleanField（true/false）/CharField 字符串/IntegerField 整数/TextField 大文本字段/DateTimeField 日期和时间）。ForeignKey 表示设置外键，这个地方的 User 为 Django 中自带的模型类。（想要查看完整的字段类型可以访问官方文档查阅：https://docs.djangoproject.com/ en/dev/ref/models/fields/#field-types。）

Class Meta 是 Django 模型类下的一个内部类，主要用于定义一些模型类的行为特征。比如 db_table 用来定义数据表的名称，如果不定义，数据表的默认名称为（<app_name>_<model_name>）；ordering 是对象的默认排序字段，在获取对象的列表时使用。

创建完成后，需要在 setting.py 中的 INSTALLED_APPS 中加入自己的应用（其实这一步可以放在应用创建完成后去修改）。这个配置项很重要，应用只有写到这里才会生效：

```
INSTALLED_APPS = (
    'django.contrib.admin',
    'django.contrib.auth',
    'django.contrib.contenttypes',
    'django.contrib.sessions',
    'django.contrib.messages',
    'django.contrib.staticfiles',
    'article'   #新添加的应用名称
)
```

INSTALLED_APPS 表示设置激活的应用，前面这些都是 Django 中自带的，简单认识一下：

（1）django.contrib.admin：管理后台。

（2）django.contrib.auth：身份验证系统。

（3）django.contrib.contenttypes：内容类型框架。

（4）django.contrib.sessions：会话框架。

（5）django.contrib.messages：消息框架。

（6）django.contrib.staticfiles：管理静态文件的框架。

后面的话会涉及第三方应用以及自己写的应用等，都要配置到 INSTALLED_APPS 这里。

前面代码中已经完成了文章所对应的模型类代码，但是这个时候数据库并没有真实创建，因为这还只是 Python 代码，需要通过 Django 把它翻译成数据库认识的代码才能执行。

打开 cmd 命令行，首先进入到当前项目路径下，输入如下指令：

```
python manage.py makemigrations
```

按回车键执行命令，顺利的话应该可以看到图 10-14 显示的结果。

图 10-14　执行成功的结果

（1）在执行命令之前一定要保证添加了应用，否则执行完会提示 No changes detected。
（2）添加排序字段的类型要求是元组，所以逗号是一定要加的。

此时会发现 Django 在 article/migrations/ 目录下帮我们生成了一个 0001_initial.py 文件，代码
如下：

```
# -*- coding: utf-8 -*-
from __future__ import unicode_literals

from django.db import models, migrations
from django.conf import settings


class Migration(migrations.Migration):

    dependencies = [
        migrations.swappable_dependency(settings.AUTH_USER_MODEL),
    ]

    operations = [
```

```
        migrations.CreateModel(
            name='BlogArticles',
            fields=[
                ('id', models.AutoField(verbose_name='ID', primary_key=True,
serialize=False, auto_created=True)),
                ('title', models.CharField(max_length=60)),
                ('content', models.TextField()),
                ('pubdate', models.DateTimeField()),
                ('author', models.ForeignKey(to=settings.AUTH_USER_MODEL)),
            ],
            options={
                'ordering': ('-pubdate',),
            },
        ),
    ]
```

通过执行 makemigrations 告诉 Django 我们对模型做了什么更改，Django 接收到之后在 migrations 下生成一个 0001_initial.py 文件（用于记录我们对模型做了哪些修改）。

看不懂上面生成的代码也没有关系，这是 Django 生成的。打开命令行，输入如下指令可查看这个文件的本质（见图 10-15）：

```
pthon manage.py sqlmigrate article 0001
```

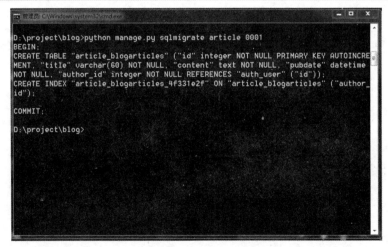

图 10-15　执行结果

不了解 SQL 的读者可以跳过这一段。了解 SQL 的读者仔细阅读一下代码，可以发现生成的表名并不是模型类中自定义的名称，而是由应用名+模型类自定义的名称，同时 Django 为每个模型类添加了一个主键 ID（当然你也可以重写它）。

sqlmigrate 命令并不会在你的数据库上真正运行迁移文件，它只是把 Django 认为需要的 SQL 打印在屏幕上以让你能够看到，接下来很关键，因为上面的步骤下来其实数据库还没有创建，执行 python manage.py migrate（见图 10-16）。

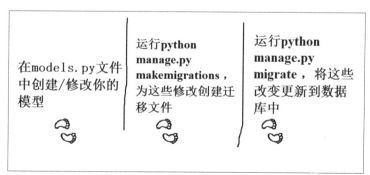

```
D:\project\blog>python manage.py migrate
Operations to perform:
  Synchronize unmigrated apps: staticfiles, messages
  Apply all migrations: contenttypes, sessions, admin, auth, article
Synchronizing apps without migrations:
  Creating tables...
    Running deferred SQL...
  Installing custom SQL...
Running migrations:
  Rendering model states... DONE
  Applying contenttypes.0001_initial... OK
  Applying auth.0001_initial... OK
  Applying admin.0001_initial... OK
  Applying article.0001_initial... OK
  Applying contenttypes.0002_remove_content_type_name... OK
  Applying auth.0002_alter_permission_name_max_length... OK
  Applying auth.0003_alter_user_email_max_length... OK
  Applying auth.0004_alter_user_username_opts... OK
  Applying auth.0005_alter_user_last_login_null... OK
  Applying auth.0006_require_contenttypes_0002... OK
  Applying sessions.0001_initial... OK

D:\project\blog>
```

图 10-16　执行结果

通过检测刚刚在 migrations 下生成的文件，可以知道我们对数据要做哪些操作。翻译后执行，migrate 命令会找出所有还没有被应用的迁移文件（Django 使用数据库中一个叫作 django_migrations 的特殊表来追踪哪些迁移文件已经被应用过）。

其实这一步就是使数据库和改动后的模型进行同步的。

创建一个模型好复杂！其实了解每一步背后的意义之后，就不会丢什么了，可以通过图 10-17 梳理一下步骤。

图 10-17　创建步骤图

当你到达这里的时候，数据库里面的表就已经创建成功了。在后面的操作中就可以使用刚刚创建完成的表进行处理了。

10.2.4　数据库配置

你会发现不需要安装其他数据库，配置好 Django，创建好项目、应用、模型就能开始使用了，那么数据存放到哪里了呢？在项目的根目录下面有一个名为 db.sqlite3 的文件，这个其实就是 Django 默认使用的数据库。

Django 中支持多种数据库，例如 MySQL、Oracle、PostgreSQL 等，在项目中想要使用其他的数据库应该如何配置？打开 blog/settings.py 文件，在里面找到 DATABASES 这一项，这个地方就是配置数据的。以 MySQL 为例，下面让我们来看一下如何配置。

```python
DATABASES = {
    'default': {
        'ENGINE': 'django.db.backends.mysql',
        'NAME': 'test', #要连接的数据库名
        'USER': 'root', #登录的账号
        'PASSWORD': '123456', #登录的密码
        'HOST': 'localhost',  #数据库服务器 ip,本地可以使用 localhost
        'PORT': '3306', #端口，默认为 3306
    }
}
```

关于数据库配置这一部分，我们只作为了解。在这个项目中，我们使用的是 Django 默认的 SQLLite（无须更改 DATABASES 配置内容）。

更全的数据库配置，可访问官网文档（https://docs.djangoproject.com/en/dev/ref/settings/#std:setting-DATABASES）查阅。

10.2.5　Django 自带后台

Django 为我们创建并配置了默认的管理后台（在以往的开发过程中，除了给用户呈现的前台展示以外，还需要开发管理后台给工具内容运维或管理员使用），接下来看一下如何快速使用管理后台。

1 创建超级管理员。

一般情况下后台都是由网站管理员使用，进入 admin 后台后首先需要创建一个超级管理员账号。打开命令行，输入如下命令：

```
python manage.py createsuperuser
```

运行结果如图 10-18 所示。

图 10-18 创建管理员

在输入密码时是不会显示出来的。注意，自己输入就行。

2 运行服务器。

打开命令行，输入如下命令：

```
python manage.py runserver
```

运行结果如图 10-19 所示。

图 10-19 运行服务器

这个窗口需要一直保持开启的状态，别给关了，关了就看不了了。

3 打开浏览器访问 http://127.0.0.1 :8000/admin/（见图 10-20）。

图 10-20 登录界面

访问地址后，进入到登录页面，输入刚刚填写的账号密码后单击 Log in（登录）按钮，进去后的操作界面如图 10-21 所示。

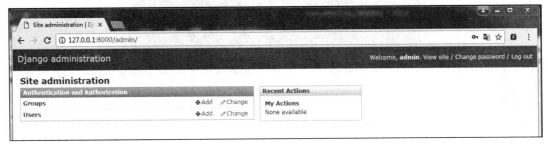

图 10-21　登录成功后的界面

通过图 10-21 发现可以编辑的 Groups、Users 是由 django.contrib.auth 提供的,这个认证框架集成在 Django 中.如果想让自己的模型类也可以编辑，还需要配置一下。打开 article/admin.py 文件，编辑后的代码如下：

```
from django.contrib import admin
from .models import BlogArticles
# Register your models here.
admin.site.register(BlogArticles)
```

保存一下，再回到刚刚的页面，按 F5 键刷新页面，比刚刚多了一项，即 Blog articles（见图 10-22）的管理，这时就可以开始对文章内容进行管理了。

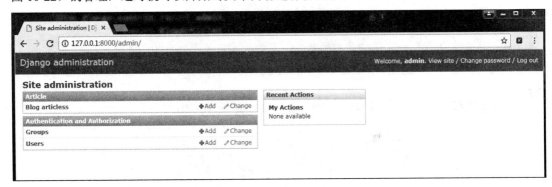

图 10-22　配置应用后的界面

单击+Add 按钮进入添加页面（见图 10-23）。

录入文章信息后，单击右下角的 Save 按钮进行保存。保存成功后会提示（xxx　was added sucessfully）。

图 10-23　添加文章

想要做文章修改的话，单击图 10-23 中的文章标题即可进入到修改页面（和添加页面类似，如图 10-24），完成修改后单击 Save 按钮进行更新。

图 10-24　添加成功

删除文章的话勾选文章标题前面的复选框，同时在 Action 后面的下拉菜单中选择 Delete selected blog articless（见图 10-25）项，也就是删除所选中项。

图 10-25　文章删除

提示是否确认删除，没问题的话单击"Yes, I'm sure"按钮（见图 10-26）。删除成功界面如图 10-27 所示。

图 10-26　确认删除

图 10-27　删除成功

这就完成了删除操作。使用管理后台的过程很简单，看一下就会了，但是为了下一小节中的数据展示，这个地方需要先加一些文章。

10.2.6　创建视图

有了数据以后如何在前台的页面上展示出来呢？这时就需要用 View（视图）了，它能接受 Web 请求并且返回 Web 响应。打开 views.py，编写视图函数（除了视图函数外还有类视图，这里暂先不对其进行讨论）。其实视图函数和普通函数的编写方式一样，通过 def 关键字进行修饰，但是要注意视图函数参数的第一项是 request 对象，通过它可以获取到请求来的数据。

```
from django.shortcuts import render
from .models import BlogArticles
# Create your views here.
def article_list(request):
    blogs=BlogArticles.objects.all() ①
    return render(request,"article/list.html",{"blogs":blogs}) ②
```

接下来一行一行地解读代码。

代码②：render 本身是渲染的意思，这个方法的作用就是结合一个给定的模板（用户看到的东西）和一个给定的上下文字典（传过去的数据），并返回一个渲染后的 HttpResponse 对象。

代码①：BlogArticles.objects 是 Django 默认生成的一个管理类，主要工作是和数据库进行交互（当然也可以自定义管理类，这里先不做讨论），如何和数据库进行操作。最原始的方法就是通过 SQL 语句直接操作，如果读者不会 SQL 又要花费时间去学习，那么可以利用 Django

（提供了一种更为简便的方式，无须编写 SQL 语句，都交给 ORM（Object Relational Mapping，关系对象映射）来完成）。

ORM（见图 10-28）：Django 自带的一个重要组成部分，是 MVC 框架中的一个重要部分，实现了数据模型与数据库的解耦，即数据模型的设计不需要依赖于特定的数据库，通过简单的配置就可以轻松更换数据库。

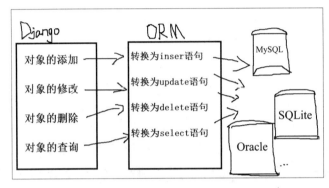

图 10-28　ORM 过程

不用过多考虑 ORM 内部是如何实现的，只需要明白 ORM 可以帮助我们完成对数据库的操作即可，并且后期如需转换数据库也非常简单。

视图函数相当于控制器一样，负责接收请求处理后做出响应，但是现在代码还不能直接访问到视图函数，在 Django 中需要配置 URL 路由规则，首先打开 blog/settings.py 文件，默认可以看到一个"^admin/"规则，这个是 Django 自带后台应用的路由配置（下一章节会讲到这个自带后台）。

此时需要在 settings.py 中配置自己的路由规则，也就是你希望用户访问什么地址才能看到你的页面，比如网易云音乐想要看到推荐的音乐需要访问 http://music.163.com/#/discover 这个地址。这里使用 article 来负责文章的展示，include 函数负责导入。每个应用配置一个对应的 urls.py 文件，对于后期的维护和升级非常有帮助。在创建好的 article 应用下手动创建 urls.py 文件，并修改 blog/settings.py 文件，添加路由规则：

```python
from django.conf.urls import include, url
from django.contrib import admin

urlpatterns = [
    url(r'^admin/', include(admin.site.urls)),
    url(r'^article/', include("article.urls")), #新添加的路由规则
]
```

settings.py 文件修改完成后，依旧无法完成路由的匹配，因为新加的 urls.py 中还没有写内容。在 article/urls.py 中添加文章列表的路由规则以及用户访问 http://127.0.0.1:8000/article/时打开文章列表，配置代码如下：

```
from django.conf.urls import url
from . import views
urlpatterns=[
    url(r'^$',views.article_list) #路由规则
]
```

当路由匹配成功后，调用对应的视图函数 article_list，这样就完成了从用户发送请求到接收请求处理操作了。最后一步就是如何呈现给用户，也就是 views.py 视图函数中所编写的 render 部分。

10.2.7　创建模板

Django 模板用来分离一个文档的展现和数据,模板定义了 placeholder 和表示多种逻辑的 tags 来规定文档如何展现，通常模板用来输出 HTML。打开一个网站，会发现网站上的一些信息有很多重复的地方，这个时候可以把重复的内容提取出来，就像学习面向对象时的子父类一样。模板的作用如同我们在生活中填写单据的模板或制作 PPT 时选择的模板，都是为了简化重复性的操作。

在项目的根目录下创建 templates 文件夹，在 templates 下创建 list.html（表示文章的列表页面）。把页面中相同的头部和底部信息提取到 base.html 中，让 list.html 继承 base.html（html 文件应该如何继承，一会再来讨论）。模板可以用继承的方式来实现复用。文件创建完成后的目录结构图如图 10-29 所示。

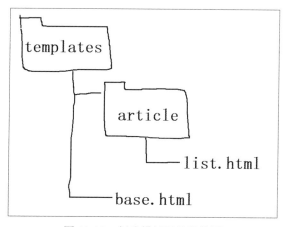

图 10-29　创建模板目录结构图

base.html 文件中的内容如下：（请忽略没有样式页面的"丑"，这里以功能为主。）

```
<!DOCTYPE html>
<html lang="en">
<head>
    <meta charset="UTF-8">
    <meta name="viewport" content="width=device-width, initial-scale=1.0">
    <meta http-equiv="X-UA-Compatible" content="ie=edge">
    <title>{% block title %}{% endblock %}</title>
</head>
<body>
    {% block content %}
    {% endblock %}
</body>
</html>
```

在页面中发现了一些很奇怪的标签。别急，我们来认识一下：{%..%}是模板标签，{{name}}是指将输出指定的变量值。

在 list.html 文件中不需要重复定义 html 结构标签，通过 extends 来继承 base.html，只需要补充 base.html 留的块即可。list.html 文件中的内容如下：

```
{% extends "base.html" %}

{% block title %} 文章列表 {% endblock %}

{% block content %}

<ul>
{% for blog in blogs %}
    <li>{{blog.title}}</li>
{% endfor %}
</ul>
{% endblock %}
```

模板准备就绪以后，还需要在 blog/settings.py 文件中找到 TEMPLATES 配置 DIRS 项，也就是模板的地址。

```
TEMPLATES = [
    {
        'BACKEND': 'django.template.backends.django.DjangoTemplates',
        'DIRS': [os.path.join(BASE_DIR,'templates')],
        'APP_DIRS': True,
```

```
    'OPTIONS': {
        'context_processors': [
            'django.template.context_processors.debug',
            'django.template.context_processors.request',
            'django.contrib.auth.context_processors.auth',
            'django.contrib.messages.context_processors.messages',
        ],
    },
    },
]
```

这时通过 http://127.0.0.1:8000/article/访问文章的列表页面，效果如图 11-30 所示（只显示了一条数据，因为在管理后台只添加了一条。）

图 11-30 显示文章列表

10.2.8 查看详情

现在已经完成了文章列表的读取，步骤熟悉了么？拎一拎，其实只要掌握方法以后，后续的操作就简单多了。现在来做一下文章详情的查看功能，单击文章标题就可以跳到详情页面（见图 11-31）。

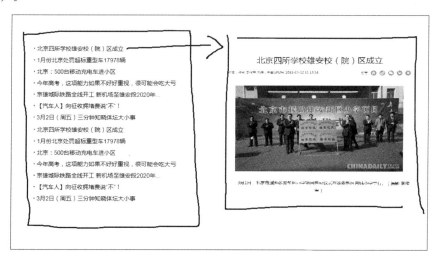

图 11-31 单市标题进入到详情页面

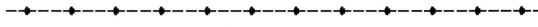

小练习

这时你可以不看书，自己尝试写一下文章详情功能。如果遇到问题无法解决了再来看下面的代码。

首先在 templates/article 下创建 detail.html 作为文章详情的展示页，页面代码如下：

```
{% extends "base.html" %}

{% block title %} 文章详情 {% endblock %}

{% block content %}

<h1>标题: {{ article.title }}</h1>
<p>作者: {{ article.author.username }}</p>
<p>内容: {{ article.content }}</p>
{% endblock %}
```

在 article/views.py 文件中创建对应的视图函数 article_detail：

```
from django.shortcuts import render
from .models import BlogArticles
# Create your views here.
def article_list(request):
    blogs=BlogArticles.objects.all()
    return render(request,"article/list.html",{"blogs":blogs})

def article_detail(request,id):
    article=BlogArticles.objects.get(id=id)
    return render(request,"article/detail.html",{"article":article})
```

定义好的视图函数什么时候会执行呢？也就是需要 URL 匹配成功之后。在 article/urls.py 文件中添加一条新的路由规则，修改后的代码如下：

```
from django.conf.urls import url
from . import views

urlpatterns=[
    url(r'^$',views.article_list),
    url(r'^(\d+)$',views.article_detail),
]
```

最后不要忘记给列表页（templates/article/list.html）添加超链接标签，毕竟需要一个单击的过程。list.html 页面的修改内容如下：

```
<ul>
{% for blog in blogs %}
    <li><a href="{{blog.id}}">{{blog.title}}</a></li>
{% endfor %}
</ul>
```

是不是发现这次编写详情页面快了许多（如果还是无法熟练写完，建议你多动手敲几遍代码）？输入地址，进入到文章列表页面，运行效果图如图 10-32 所示。

图 10-32　文章列表

单击图中的文章标题，即可进入文章详情页面，显示文章的内容、作者、标题信息，运行效果图如图 10-33 所示。

图 10-33　文章详情

文章的列表显示和详情查看就已经完成了，当然页面效果还有点丑，但是这并不是重点，编写 CSS 样式，在 html 页面中引用即可，或者使用 bootstrap 完成。

10.2.9　用户登录

完成了文章的列表读取和详情展示后，来看一下用户功能。下面首先创建一个新的应用。

```
Python manage.py startapp account
```

应用完成之后不要忘记在 setting.py 文件中加入新创建的 account 应用，修改后的代码如下：

```
INSTALLED_APPS = (
    'django.contrib.admin',
    'django.contrib.auth',
    'django.contrib.contenttypes',
    'django.contrib.sessions',
    'django.contrib.messages',
    'django.contrib.staticfiles',
    'article',
    'account'
)
```

打开 blog/urls.py 配置路由，修改后代码如下：

```
from django.conf.urls import include, url
from django.contrib import admin

urlpatterns = [
    url(r'^admin/', include(admin.site.urls)),
    url(r'^article/', include("article.urls")),
    url(r'^account/', include("account.urls")), #新添加代码
]
```

在新创建的 account 应用创建 urls.py 文件，配置路由规则，这里做登录的功能。先配置两个路由规则，一是用户访问登录地址返回模板页面，二是用户从登录页面提交信息，修改 account/urls.py 文件代码如下：

```
from django.conf.urls import url
from . import views

urlpatterns=[
    url(r'^login/$',views.user_login),
    url(r'^login_handler/$',views.login_handler),
]
```

路由配置完成后，需要编写和路由规则相匹配的视图函数。在 account/views.py 中进行创建，代码如下：

```
from django.shortcuts import render
from django.contrib.auth import authenticate,login
# Create your views here.
def user_login(request):
    return render(request,"account/login.html")
```

```
def login_handler(request):
    uname=request.POST["uname"]
    upwd=request.POST["upwd"]
    user=authenticate(username=uname,password=upwd)
    if user:
        login(request,user)
        return render(request,"account/index.html")
    else:
        return render(request,"account/login.html")
```

在上面的代码中，user_login 函数为当用户访问 url 地址时返回登录的页面；login_handler
为登录处理的函数，获取用户填写的账号和密码，通过 Django 自带的验证模块进行登录，登录
成功进入到 index.html 主页面，否则的话回到登录页面。

Django 为了方便我们操作，提供了很多常用的功能，例如现在要做的登录、退出等功能。
这里我们只对提供的功能进行使用，感兴趣的读者可以在安装目录下找到 auth，读一下源码。

最后是模板，这一步其实简单许多。templates/account/login.html 如下：

```
<!DOCTYPE html>
<html lang="en">
<head>
    <meta charset="UTF-8">
    <meta name="viewport" content="width=device-width, initial-scale=1.0">
    <meta http-equiv="X-UA-Compatible" content="ie=edge">
    <title>登录页面</title>
</head>
<body>
    <form method="POST" action="/account/login_handler/">
        {% csrf_token %}
        登录名: <input type="text" name="uname" />
        密码<input type="password" name="upwd" />
        <input type="submit" value="登录" />
    </form>
</body>
</html>
```

templates/account/index.html 后期可以作为用户的个人主页或者其他主页面，这里暂时只给出登录成功的提示信息：

```html
<!DOCTYPE html>
<html lang="en">
<head>
    <meta charset="UTF-8">
    <meta name="viewport" content="width=device-width, initial-scale=1.0">
    <meta http-equiv="X-UA-Compatible" content="ie=edge">
    <title>首页</title>
</head>
<body>
    <h1>登录成功后的主页面</h1>
</body>
</html>
```

10.2.10 用户退出

使用 Django 提供的登录函数进行登录后，会自动保存到 session 中，所以在登录后的页面中可以通过保存的 session 获取用户的信息。首先在 templates/account/index.html 下显示登录成功的用户名，修改 index.html，代码如下：

```html
<!DOCTYPE html>
<html lang="en">
<head>
    <meta charset="UTF-8">
    <meta name="viewport" content="width=device-width, initial-scale=1.0">
    <meta http-equiv="X-UA-Compatible" content="ie=edge">
    <title>首页</title>
</head>
<body>
    {% if user.is_authenticated %}
        欢迎你，{{user.username}}
        <a href="/account/user_logout/">退出</a>
    {% endif %}
    <h1>登录成功后的主页面</h1>
</body>
</html>
```

这时重新访问地址，登录成功后的效果如图 10-34 所示。

图 10-34　登录成功

刚刚在用户名后方加了一个退出的链接，接下来配置退出的 url，在 account/urls.py 中添加路由配置：

```
from django.conf.urls import url
from . import views

urlpatterns=[
    url(r'^login/$',views.user_login),
    url(r'^login_handler/$',views.login_handler),
    url(r'^user_logout/$',views.user_logout),
]
```

在 account/views.py 中添加视图函数，并调用 Django 自带的登录函数：

```
from django.shortcuts import render
from django.contrib.auth import authenticate,login,logout

#省略中间重复的代码

def user_logout(request):
    logout(request)
    return render(request,"account/login.html")
```

10.3　Django扩展

通过前面两小节的学习，相信你对 Djanog 开发有了不少经验。下面就 Django 在实战开发中可能会涉及的内容做一下扩展。

10.3.1　错误视图

在项目开发中，若遇到错误访问，给用户一个友好的页面提示最好不过了。Django 也考虑到了这一点，提供了几个默认视图，用于处理 HTTP 错误，如 404、500、403 视图等。它们的使用方法相同，这里选择 404 错误进行演示。

404 (page not found) 视图

当找不到页面时报 404 错误，比如用户访问了不存在的地址。当 Django 项目启动后，访问 http://localhost:8000/test/即可看到图 10-35 所示的效果。

图 10-35　404 错误页面

很显然，没有经过包装的错误直接呈现给用户体验非常不好，想要开启 Django 自带的 404 视图，首先需要关闭调试模式。修改 setting.py 文件，配置如下：

```
DEBUG=False
ALLOWED_HOST=[ '*']
```

重新启动项目访问 http://localhost:8000/test/即可看到图 10-36 所示的效果，这就是 Django 自带的 404 错误模板。如果还不能满足需求，不要着急，下面就来教你如何自定义错误视图。

图 10-36　404 错误页面

自定义错误视图

Django 中的默认错误视图应该足以满足大多数 Web 应用程序的要求，但如果需要任何自定义行为，则可以通过自定义进行覆盖。下面来看一下自定义错误视图的使用步骤：

1 在 templates 目录下定义 404.html 页面，内容如下：

```
<!DOCTYPE html>
<html lang="en">
<head>
    <meta charset="UTF-8">
    <title>Document</title>
</head>
<body>
    <h1>404</h1>
    <p>{{content}}</p>
</body>
</html>
```

2 修改 urls.py。

这里需要注意的是，handler*名称都是固定的，不能随意更改，Django 已经约定好的，不同的状态码对应不同的错误：

```
handler404 = views.page_not_found
```

3 在 views.py 中定义视图函数。

```
def page_not_found(request):
    return render_to_response('404.html',{"content":"this is 404 error"})
```

4 运行页面，访问一个错误的路由地址 http://localhost:8000/test/，即可看到 404 错误，如图 10-37 所示。

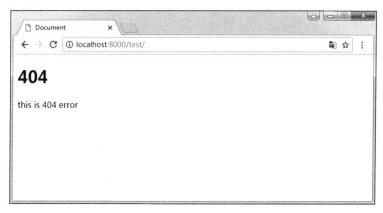

图 10-37　自定义错误页面

10.3.2　内置过滤器

　　Django 中提供了一些内置的过滤器，在模板中通过过滤器可以帮助我们解决一些小而实际的问题，比如字母大小写转换、数组长度、截取等操作。

全部转换为小写字母：{{ name|lower }}

```
{% for item in userlist %}
{{ item.name |lower }}
{% endfor %}
```

　　即当 name 为"Amy"时，则显示"amy"，将字母全部转换为小写。

全部转换为大写字母：{{ name|upper }}

```
{% for item in userlist %}
{{ item.name |upper}}
{% endfor %}
```

　　即当 name 为"Amy"时，则显示"AMY"，将字母全部转换为大写。

将第一个字符转化成大写形式：{{ value | capfirst }}

```
{% for item in userlist %}
{{ item.name |capfirst }}
{% endfor %}
```

　　即当 name 为"amy"时，则显示"Amy"，将首字符转换为大写。

返回列表个数：{{ list|length }}

```
{{ userlist |length}}
```

　　即当 userlist 为"['amy', 'tom']"时，则显示"2"，输出列表的个数。

从给定 value 中删除所有 arg 的值：{{ value | cut:arg}}

```
{% for item in userlist %}
{{ item.name | cut:'zh' }}
{% endfor %}
```

　　即当 name 为"amyzhamy"时，则显示"amyamy"，删除了指定的字符"zh"。

10.3.3　xadmin 的应用

xadmin 是一个 Django 的管理后台实现，使用了更加灵活的架构设计及 BootStrap UI 框架，目的是替换现有的 admin，完全可扩展的插件支持，它的效果比自身的 admin 更加友好。图 10-38 为 xadmin 的登录界面。

图 10-38　登录成功

使用 xadmin 替换 Django 自带的 admin，可以跟着下面的步骤一起操作：

1 未安装过 xadmin 的话，首先需要通过 pip 进行安装。

```
pip install xadmin
```

也可以在 GitHub 上下载（https://github.com/sshwsfc/xadmin）源码，将 xadmin 文件目录复制到项目中。

2 安装完成后，创建 Django 项目并修改 setting.py 配置文件，添加上 xadmin 应用配置。

```
INSTALLED_APPS = [
  ..省略部分代码
  'xadmin' ,
  'crispy_forms'
]
```

修改 url.py，配置 xadmin 路由。

```
import xadmin
urlpatterns = [
    url(r'^xadmin/', xadmin.site.urls),
]
```

3 启动 cmd。通过 python manage.py runserver 启动后访问 http://localhost:8000/xadmin/ 即可，如图 10-39 所示。

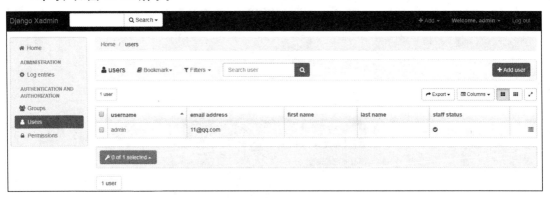

图 10-39   xadmin 后台

10.4   小结

Django 的功能非常强大，本章只是通过一个博客的项目带你快速了解 Django 的开发过程和主要核心内容，后续想要专注于 Django 开发可以再进行深入的了解。

10.5   编程练习

本节的收尾是几道简答题，在不查阅资料的前提下写下自己的理解。

（1）Django 的开发步骤是什么？

_____

_____

_____

（2）你怎么理解应用的作用？

（3）Django 自带的后台应用可以修改吗？试着给自带后台换一个模板。

第 **11** 章

编写打飞机游戏

本章将通过一个打飞机的游戏实例来介绍 Pygame 模块的基本使用方法，包括图片绘制、音频、键盘的操作以及基本的物理碰撞和逻辑处理等。

11.1　初识Pygame

Pygame（见图 11-1）是跨平台 Python 模块，专为电子游戏设计，包含图像、声音。Pygame 建立在 SDL 基础上，允许实时电子游戏研发，而无须被低级语言（如机器语言和汇编语言）束缚，使你可以用 Python 语言创建完全界面化的游戏和多媒体程序。

也许你还不太了解 Pygame 究竟可以做什么，来看一下官网的描述：Pygame 是一个免费和开放源代码的 Python 编程语言库，用于制作多媒体应用程序，如在优秀的 SDL 库之上构建的游戏。像 SDL 一样，Pygame 具有高度的可移植性，几乎可以在任何平台和操作系统上运行。

它可能并不是你做游戏的首选，如果想要专门开发游戏，或许可以看看 Unitiy3D。但是 Pygame 简单易用，小孩和大人都可以用。

图 11-1　Pygame 图

Pygame 安装

在 cmd 命令提示行中通过 pip 进行安装，可输入如下命令：

```
pip install pygame
```

11.2　Pygame模块一览

Pygame 下面包含很多模块，有操作字体、图片、音频、键盘、鼠标等，当你需要对应操作的时候直接使用即可。模块一览见表 11-1。

表 11-1　Pygame 模块

模块名	描述
pygame.cdrom	访问光驱
pygame.cursors	加载光标
pygame.display	访问显示设备
pygame.draw	绘制形状、线和点
pygame.event	管理事件
pygame.font	使用字体
pygame.image	加载和存储图片
pygame.joystick	使用游戏手柄或者类似的东西
pygame.key	读取键盘按键
pygame.mixer	声音
pygame.mouse	鼠标
pygame.movie	播放视频
pygame.music	播放音频
pygame.overlay	访问高级视频叠加
pygame.rect	管理矩形区域

（续表）

模块名	描述
pygame.sndarray	操作声音数据
pygame.time	管理事件和帧信息
pygame.transform	缩放和移动图像

11.3 游戏概述

打飞机游戏是发生在太空中的，我方飞机和敌方飞机团体发生了一场较量，玩家通过键盘控制自己的大飞机，在躲避迎面而来的其他飞机时，大飞机通过发射炮弹打掉小飞机来赢取分数。一旦撞上其他飞机，游戏就结束了。

会玩了之后考虑一下代码设计。我们采用面向对象的方式进行编写，在设计阶段需要考虑好如何设计飞机类和敌方飞机类。

11.3.1 运行效果描述

敌方飞机从上向下自动飞行，我方飞机可以通过方向键控制左右上下移动，并自动发射子弹（见图 11-2）。当子弹和敌方飞机发生碰撞后，会出现碰撞效果，同时伴随碰撞音效。当敌方飞机中弹后，效果如图 11-3 所示。

图 11-2 运行效果　　　　　　　　　　　图 11-3 敌方飞机中弹效果

11.3.2　功能模块拆分

本游戏中我方飞机和敌方飞机的功能模块拆分如图 11-4、图 11-5 所示。

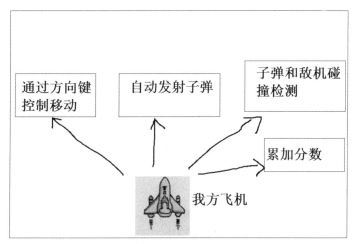

图 11-4　我方飞机功能拆分

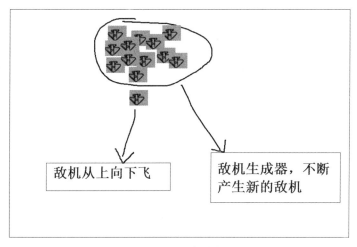

图 11-5　敌方飞机功能拆分

11.4　游戏初始化

游戏发生在太空中，背景是一片浩瀚的星空。在开始界面将初始化游戏，并完成我方飞机的绘制。

11.4.1　项目结构搭建

这一部分主要完成项目结构搭建，包括项目音频、图片素材以及文件的创建。

 1 将图片素材（见图 11-6）放到 Images 文件夹、音频素材（见图 11-7）放到 Sound 文件夹中。

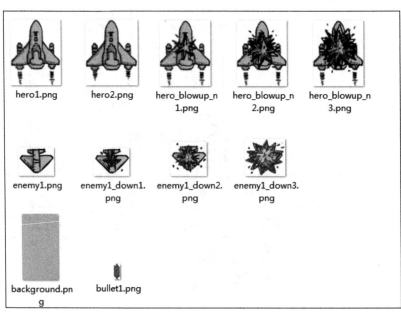

图 11-6　游戏图片素材

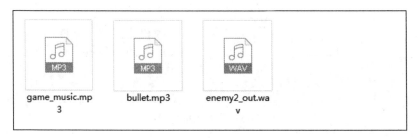

图 11-7　游戏音频素材

 2 分别创建我方飞机类、敌方飞机类、子弹类。

创建 plane.py 文件，在里面编写我方飞机类，属性包含飞机的（x, y）坐标（初始化位置），方法包含 move 移动方法，并且在移动方法内做边界限制（不让飞机飞出屏幕外）。我方飞机类的代码如下：

```
#我方飞机
class Plane:
    def __init__(self):
        self.x = 180
        self.y = 720
    def move(self,new_x,new_y):
        #判断 x 出界
        if new_x < 0:
            self.x = 0
        elif new_x > 380:
            self.x = 380
        #判断 y 出界
        elif new_y > 720:
            self.y = 720
        elif new_y < 30:
            self.y = 30
        else:
            self.x = new_x
            self.y = new_y
```

创建 enemy.py 文件，在里面编写敌方飞机类，属性包含敌方飞机的（x,y）坐标（游戏中敌方飞机的出现位置都是随机的，如果一个游戏敌方飞机在同一个位置出现，那玩家就稳赢了），方法包含 move 移动方法（敌方飞机的移动无须控制，自动从上向下，只改变 y 值即可）。敌方飞机类的代码如下：

```
import random

class Enemy:
    def __init__(self):
        self.x = random.randint(0,380)
        self.y = -(random.randint(0,300))
    def move(self):
        new_y = self.y + 15
        self.y = new_y
```

创建 bullet.py 文件，在里面编写子弹类，属性包含子弹的（x, y）坐标（游戏中子弹的坐标是跟着飞机走的，所以在初始化赋值时使用的是飞机的坐标，为了视觉效果好一些，子弹的坐标始终在飞机的中前方中间部位），方法包含 move 移动方法（子弹的移动是从下至上，自动执行）。子弹类代码如下：

```
#子弹
class Bullet:
    def __init__(self,x,y,plane_width,bullet_height):
        self.x = x + plane_width - 4
        self.y = y - bullet_height
    def move(self, bullet_height):
        new_y = self.y - bullet_height
        self.y = new_y
```

创建一个 manage.py 文件，作为控制类，暂时不需要编写任何内容，空着就可以。执行完上面的步骤后，此时项目结构应该如图 11-8 所示。

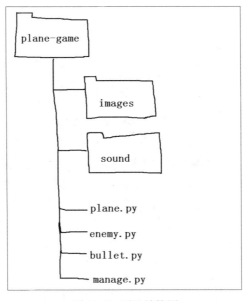

图 11-8　项目结构图

11.4.2　初始化窗口并加载背景图片

接下来开始绘制背景图片、背景音乐、飞机位置。注意，这些代码都写在 manage.py 文件中。

 1 在 manage.py 文件的顶部引入。

```
import pygame
from pygame.locals import *
```

Pygame 模块是这个游戏的核心模块。pygame.locals 模块包括事件类型、键、视频模式等内容，在后续的操作中会用到。

2 初始化。 对游戏屏幕的尺寸及标题进行设置。

```
pygame.init()
screen = pygame.display.set_mode((480, 850))
pygame.display.set_caption('飞机大战')
```

 3 绘制背景图片。 首先通过 load 加载完成，再通过 blit 方法进行绘制。

```
import pygame
from pygame.locals import *


if __name__ == "__main__":

    pygame.init()
    #1. 创建一个窗口，用来显示内容
    screen = pygame.display.set_mode((480, 850))
    pygame.display.set_caption('飞机大战')

    #2. 创建一个和窗口大小的图片，用来充当背景
    background = pygame.image.load("./images/background.png").convert()

    #3. 把背景图片放到窗口中显示
    while True:
        screen.blit(background,(0,0))
        pygame.display.update()#更新游戏屏幕
```

11.4.3　添加背景音乐

将添加背景音乐的代码加入 manage.py 内，首先通过 load()函数加载要播放的音频，使用 play()函数播放载入的音乐，该函数立即返回，音乐播放在后台进行。

```
#背景音乐
pygame.mixer.music.load("./sound/game_music.mp3")
pygame.mixer.music.play(loops=0, start=0.0)
```

11.4.4　绘制飞机位置

在 manage.py 中继续绘制我方飞机的位置，和绘制背景图片一样，先加载图片再进行绘制，同时我方飞机的出现通过前面定义好的 class 类进行实例化访问。完整代码如下：

```
import pygame
from pygame.locals import *
#引用飞机类、敌方飞机类、子弹类
from src.bullet import Bullet
from src.plane import Plane
from src.enemy import Enemy

if __name__ == "__main__":

    pygame.init()
    #1. 创建一个窗口，用来显示内容
    screen = pygame.display.set_mode((480, 850))
    pygame.display.set_caption('飞机大战')
    #背景音乐
    pygame.mixer.music.load("./sound/game_music.mp3")
    pygame.mixer.music.play(loops=0, start=0.0)

    #2. 创建一个和窗口大小的图片，用来充当背景
    background =
pygame.image.load("./images/background.png").convert_alpha()
    #加载我方飞机图片
    planeimg = pygame.image.load("./images/hero1.png").convert_alpha()
    myplane=Plane()

    #3. 把背景图片放到窗口中显示
    while True:
        screen.blit(background,(0,0))
        screen.blit(planeimg,(myplane.x,myplane.y))
        pygame.display.update()#更新游戏屏幕
```

代码编写完成后，运行 manage.py 文件，效果图如图 11-9 所示。

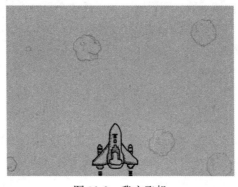

图 11-9　我方飞机

11.5　我方飞机

在这一部分，要把我方飞机的动作完成，如飞机的移动和子弹轨迹的发射。准备好了吗？我方飞机要开始了哦！

11.5.1　通过方向键控制飞机移动

控制我方飞机的移动，首先要判断事件类型为 KEYDOWN 键盘事件，根据按下的按键进行相应的操作，比如左右移动只需要改变飞机的 x 坐标、上下移动则改变 y 坐标。

完整代码如下：

```
while True:
    screen.blit(background,(0,0))
    screen.blit(planeimg,(myplane.x,myplane.y))
# 游戏退出事件
    for event in pygame.event.get():
        if event.type == QUIT:
            exit()
    #判断按键
    if event.type == KEYDOWN:
        #如果按下左键则向左移动
        if event.key == pygame.K_LEFT:
            myplane.move(myplane.x - 1, myplane.y)
        if event.key == pygame.K_RIGHT:
            myplane.move(myplane.x + 1, myplane.y)
        if event.key == pygame.K_DOWN:
            myplane.move(myplane.x, myplane.y + 1)
        if event.key == pygame.K_UP:
            myplane.move(myplane.x, myplane.y - 1)
    pygame.display.update()
```

此时可以很流畅地操作键盘方向键来控制我方飞机的移动（见图 11-10、图 11-11）。当然如果你有更好的想法（比如用其他按键来操作），也可以自己阅读文档来修改。

扩展阅读：这部分的键盘对应只有方向键，如果你需要更多的按键可以参考 http://www.pygame.org/docs/ref/key.html。

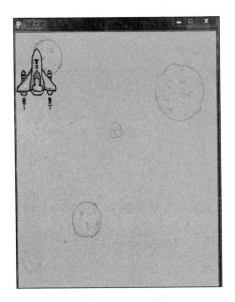

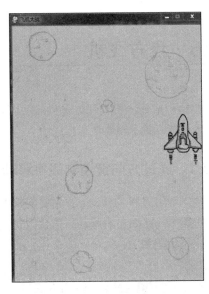

图 11-10　我方飞机移动 1　　　　　　　　图 11-11　我方飞机移动 2

11.5.2　我方子弹运动轨迹

我方飞机出场自带子弹，并且通过键盘移动飞机时子弹也会跟着飞机的移动而移动。创建子弹时会用到 Bullet 类，并且子弹应该有多颗，所以保存 Bullet 对象的类型应该是一个列表元素。

1 实例化 10 个子弹的对象保存到 bulletlist 中。

```
#子弹图片
bulletimg = pygame.image.load("./images/bullet1.png").convert_alpha()
plane_width = planeimg.get_width() #飞机图片的宽度
bullet_height = bulletimg.get_height()#子弹图片的高度
myplane=Plane()
bulletlist=[]
#生成子弹
for item in range(0,10):
    bulletlist.append(Bullet(myplane.x,myplane.y,plane_width,
bullet_height))
```

2 将子弹绘制到窗口（效果如图 11-12 所示）。

```
while True:
    #绘制背景图
    screen.blit(background,(0,0))
```

```
        #绘制我方飞机
        screen.blit(planeimg,(myplane.x,myplane.y))
        #绘制我方飞机子弹
        for item in bulletlist:
            screen.blit(bulletimg, (item.x, item.y))
            item.move(bullet_height) #子弹移动的方法
            if item.y < 0:
                #当子弹飞出窗口时将列表中的子弹对象移除
                bulletlist.remove(item)
    #子弹补充
            bulletlist.append(Bullet(myplane.x,myplane.y,plane_width,
bullet_height))
```

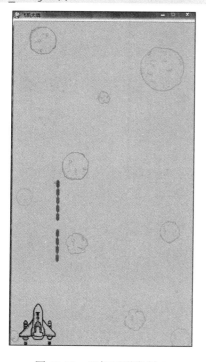

图 11-12 飞机子弹发射 1

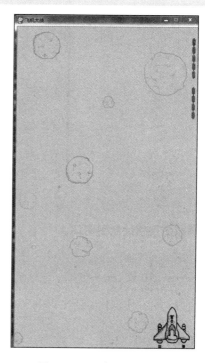

图 11-13 飞机子弹发射 2

11.6 敌方飞机

我方飞机一切就绪后，来看一下敌方准备如何。敌方飞机需要一个庞大的阵容，根据前面
小节的分析，需要有一个敌方飞机生成器，类似子弹一样，可以不断生成，并且从上向下飞行。

11.6.1 绘制敌方飞机

1 加载敌方飞机图片，先生成一个敌方飞机对象。

```
#加载敌方飞机的图片
enemyimg = pygame.image.load("./images/enemy1.png").convert_alpha()
enemy1=Enemy()  #生成一个敌方飞机对象
```

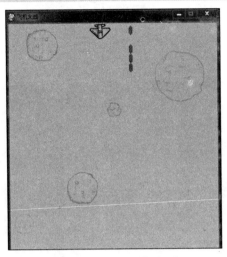

图 11-14　敌方飞机出现

2 将敌方飞机绘制到窗口。

```
#绘制敌方飞机
screen.blit(enemyimg,(enemy1.x,enemy1.y))
```

敌方飞机在实例化时所出现的（x,y）坐标为随机值，所以每次打开敌方飞机的位置不同。

3 让敌方飞机飞起来。

敌方飞机绘制好后并没有任何效果，需要手动调用敌方飞机的 move()方法完成飞行。

```
#绘制敌方飞机
screen.blit(enemyimg,(enemy1.x,enemy1.y))
enemy1.move()   #调用敌方飞机飞行方法
```

再次运行，敌方飞机已经完成一次下落飞行，但是这还是一个开始，毕竟敌方飞机有一个庞大的团队，现在只是一个试飞，成功以后，需要考虑一下如何完成敌方飞机生成器的操作。

11.6.2 敌方飞机生成器

所谓敌方飞机生成器，其实就是批量生产的过程。和子弹类似，首先定义一个 enemylist 保存敌方飞机对象。遍历列表来绘制敌方飞机，当敌方飞机飞出边界后进行移除操作，重新生成新的敌方飞机对象。

```
#绘制敌方飞机
for item in enemylist:
        screen.blit(enemyimg, (item.x, item.y))
        item.move()  #敌方飞机移动的方法
        if item.y > 720:
                #当敌方飞机飞出窗口时将列表中的敌方飞机对象移除
                enemylist.remove(item)
                #补充敌方飞机
                enemylist.append(Enemy())
```

敌方飞机已经可以随机产生并且移动（见图 11-15）。伴随着紧张的背景音乐发现子弹和敌方飞机直接居然擦肩而过（见图 11-16），说好的爆炸呢？别急，接着看下一节。

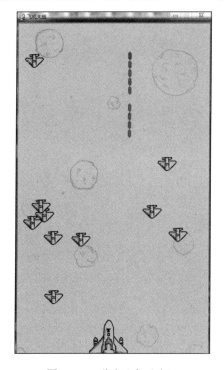

图 11-15 敌方飞机飞行 1

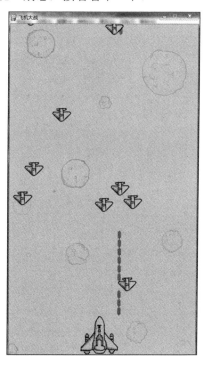

图 11-16 敌方飞机飞行 2

11.7　两军相遇

现在到了重头戏环节，就是两军相遇。当子弹和敌方飞机直接发生碰撞时，应该产生碰撞的效果。这个时候需要知道是否真的碰撞了。碰撞检测不能单独地判断子弹的（x,y）坐标和敌方飞机的（x,y）坐标是否相等，因为在绘制图片时，无论是子弹还是敌方飞机都有一个自身的高度和宽度，在计算碰撞时需要把这一点考虑进去。

11.7.1　子弹和敌方飞机碰撞

敌方飞机对象有多个，子弹对象也有多个，在检测碰撞时，需要一一比对。首先在循环敌方飞机对象内放入子弹对象循环。

```
#遍历敌方飞机对象
for item in enemylist:
    screen.blit(enemyimg, (item.x, item.y))
    item.move() #敌方飞机移动的方法
    if item.y > 720:
        #当敌方飞机飞出窗口时将列表中的敌方飞机对象移除
        enemylist.remove(item)
        #补充敌方飞机
        enemylist.append(Enemy())
    #遍历子弹对象
    for bullet in bulletlist:
        screen.blit(bulletimg, (bullet.x, bullet.y))
        bullet.move(bullet_height) #子弹移动的方法
        if bullet.y < 0:
            #当子弹飞出窗口时将列表中的子弹对象移除
            bulletlist.remove(bullet)
            #补充子弹
            bulletlist.append(Bullet(myplane.x,myplane.y,plane_width,
bullet_height))
        #子弹和敌方飞机碰撞检测
        if bullet.y < item.y + enemy_height and bullet.y + bullet_height >
item.y and bullet.x + bullet_width > item.x and bullet.x < item.x + enemy_width:
            enemylist.remove(item) #移除敌方飞机对象
            screen.blit(boomtImg, (item.x, item.y - 10)) #绘制爆炸图片
```

```
bulletlist.remove(i)    #移除子弹对象
score += 1   #分数累加
```

在上述代码中，敌方飞机和子弹的遍历在前面已经讲解过，这里重点解读一下子弹和敌方飞机碰撞检测的代码（if bullet.y < item.y + enemy_height and bullet.y + bullet_height > item.y and bullet.x + bullet_width > item.x and bullet.x < item.x + enemy_width：）。

子弹和敌方飞机碰撞要符合以下两个条件：

（1）判断子弹的 y 值小于敌方飞机的 y 值+敌方飞机的高度，并且子弹的 y 值+子弹的高度要大于敌方飞机的 y 值。

（2）判断子弹的 x 值+子弹的宽度大于敌方飞机的 x 值，并且子弹的 x 值小于敌方飞机的 x 值+敌方飞机的宽度。

为了更加直观地表示，可将上述两个条件分解来看。下面以计算机中的左上角为原点(0,0)，以黑色实心表示子弹、空心表示敌方飞机，见图 11-17～图 11-20。

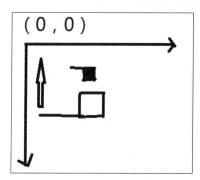

图 11-17　子弹在敌方飞机上方

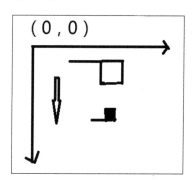

图 11-18　子弹在敌方飞机下方

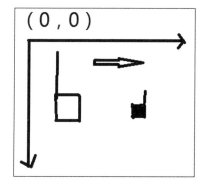

图 11-19　子弹在敌方飞机右侧

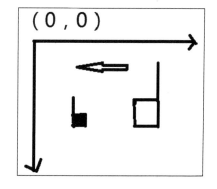

图 11-20　子弹在敌方飞机左侧

（1）子弹的 y 值小于敌方飞机的 y 值+敌方飞机的高度，说明在 y 轴方子弹在敌方飞机的上方。

（2）子弹的 y 值+子弹的高度大于敌方飞机的 y 值，说明在 y 轴方向子弹在敌方飞机的下方。

（3）子弹的 x 值+子弹的宽度大于敌方飞机的 x 值，说明在 x 轴方向子弹在敌方飞机的右边。

（4）子弹的 x 值小于敌方飞机的 x 值+敌方飞机的宽度，说明在 x 轴方向子弹在敌方飞机的左边。

当满足以上四个条件时，即子弹和敌方飞机相互碰撞。敌方飞机和我方飞机碰撞同理。

11.7.2 敌方飞机和我方飞机碰撞

敌方飞机和我方飞机之间也需要一个碰撞检测，当发生碰撞后，我方飞机出现爆炸效果，并且游戏结束。具体代码如下：

```
for item in enemylist:
    screen.blit(enemyImg, (item.x, item.y))
    item.move()
    if item.y > 720 :
        enemy.remove(item)
    if gamer.y < item.y + enemy_height and gamer.y + plane_height > item.y
and gamer.x < item.x + enemy_width and gamer.x + plane_width > item.x:
        screen.blit(boomtImg, (item.x, item.y - 10)) #绘制爆炸图片
        print("Game Over ~") #打印游戏结束
        sys.exit() #退出程序
```

至此飞机大战告一段落，这里的难点在于理解碰撞检测。可以动手尝试看检测碰撞除了上述代码中的解决方案有没有其他方式。

11.8　小结

本章带着大家完成了一个 Pygame 的小游戏。Pygame 模块丰富，还有很多这个游戏没有用到的模块，感兴趣的读者可以自己查阅资料了解一下。

11.9　编程练习

本节的收尾是游戏扩展题，大家根据下面列出的几点提示来考虑一下能否将这个游戏完善。

（1）我方飞机类中有 power 体力值，在和敌方飞机碰撞后体力值应该如何处理。

（2）Pygame 下 font 模块用于绘制字体，可以将分数和体力值显示到窗口。

（3）窗口加载有背景音乐，消灭敌方飞机也可以添加音乐。

（4）代码是否可以更加优化，比如提取基类、封装函数等。

第 **12** 章

编写 **Python** 爬虫

通过学习编写网络爬虫来掌握 Python 的使用是最有效的方法，本章将通过一系列渐进的爬虫实例来介绍 Python 的使用方法和实际应用，包括数据爬取、爬虫伪装、爬虫与反爬虫的故事等。

12.1   什么是网络爬虫

网络爬虫（又称为网页蜘蛛，网络机器人）是一种按照一定的规则，自动抓取万维网信息的程序或者脚本。搜索引擎的底层其实就是爬虫（见图 12-1）。

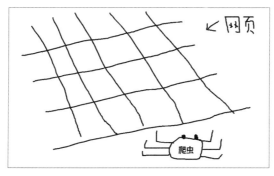

图 12-1　爬虫和网页

12.1.1　为什么需要爬虫

先来思考一个场景，你需要一些学习资料，那么获取的途径（见图 12-2）有哪些？

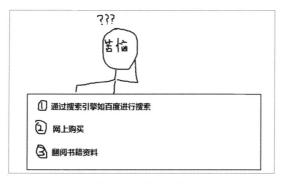

图 12-2　获取途径

现在已从移动互联网时代过渡到大数据时代，大数据的核心就是数据，数据的获取途径主要有以下几种：

（1）企业生产的用户数据：大型互联网公司有海量的用户，他们积累数据有天然的优势，比如百度指数、阿里指数、新浪微博指数等。

（2）数据管理咨询公司：通常只有大的公司才有数据采集团队，根据市场调研、问卷调查、样板检测和各行各业的公司进行合作等方式，进行数据的采集和基类。

（3）政府/机构的公开数据：政府开放的数据都是根据各地上报的数据进行合并的，比如中华人民共和国国家统计局数据等。

（4）第三方数据平台购买数据：现在人工智能需要用到很多人脸数据，行为动作都需要大量的数据，也有专门的平台购买，比如贵阳大数据交易所等。

（5）通过爬虫工程师编写爬虫程序。现在各大招聘平台上都有爬虫工程师这个岗位（见图 12-3）。

图 12-3 爬虫工程师

12.1.2 爬虫如何抓取数据

我们平时通过浏览器打开的任意一个网页都有以下三大通用特征：

（1）网页都有自己唯一的 URL（统一资源定位符）来进行定位。

（2）网页都使用 HTML （超文本标记语言）来描述页面信息。

（3）网页都使用 HTTP/HTTPS（超文本传输协议）来传输 HTML 数据。

因为爬虫爬取的是网页数据，所以爬虫的设计思路（见图 12-4）通常是：首先确定需要爬取的网页 URL 地址，接着通过 HTTP/HTTPS 来获取对应的 HTML 页面，最后提取 HTML 页面里有用的数据，如果是需要的数据，就保存起来；如果是页面里的其他 URL，就继续执行第二步继续爬取。

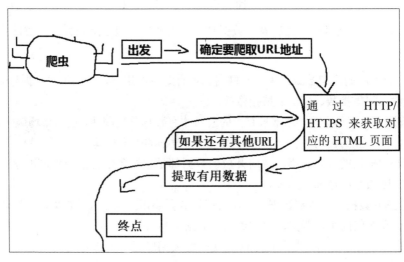

图 12-4 爬虫设计思路

12.1.3　爬虫的原理

爬虫依据应用场景的不同而有不同的表现。

通用爬虫

爬虫根据应用场景可以分为通用爬虫和聚集爬虫。平时我们常用的搜索引擎百度、谷歌等爬虫都属于通用爬虫。

搜索引擎用的爬虫系统其实目标很明确，就是尽可能地把互联网上面的网页下载下来，放到本地服务器里形成备份，再对这些网页做相关处理（提取关键字、去掉广告），最后提供一个用户检索接口。其流程是：

（1）首选选取一部分已有的 URL，把这些 URL 放到待爬取队列。

（2）从队列里取出这些 URL，然后解析 DNS 得到主机 IP，再去这个 IP 对应的服务器里下载 HTML 页面，保存到搜索引擎的本地服务器。之后把这个爬过的 URL 放入已爬取队列。

（3）分析这些网页内容，找出网页里其他的 URL 连接，继续执行第二步，直到爬取条件结束。

可总结为"爬取网页→存储数据→内容处理→提供检索/排名服务"。

小知识

搜索引擎如何进行排名？

（1）PR（PageRank）值：根据网站的流量（单击量/浏览量/人气）统计，流量越高，网站越值钱，排名也越靠前。

（2）竞价排名：谁给钱多，谁排名就高。

爬虫主要是依据提供的 URL 地址进行爬取，那么搜索引擎如何获取一个新网站的 URL 呢？有以下几种途径：

（1）主动向搜索引擎提交网址（如百度 http://ziyuan.baidu.com/linksubmit/url，见图 12-5）。

（2）在其他网站里设置网站的外链。

（3）搜索引擎会和 DNS（把域名解析成 IP 的一种技术）服务商进行合作，可以快速收录新的网站。比如你在 cmd 中 ping www.baidu.com（见图 12-6）就会得到百度的 IP，直接在浏览器里面输入 IP 通用可以访问到百度。

图 12-5　百度链接地址提交

图 12-6　ping baidu

12.1.4　爬虫的协议

通用爬虫并在爬取网页的时候，也需要遵守规则，即 Robots 协议。Robots 协议会指明通用爬虫可以爬取网页的权限，当然 Robots.txt 只是一个建议，并不是所有爬虫都必须遵守，一般只有大型的搜索引擎爬虫才会遵守。当然个人写的爬虫都不会太考虑，见图 12-7。

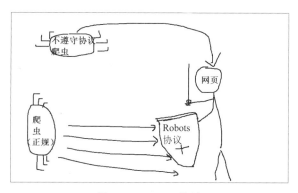

图 12-7　Robots 协议

Robots 协议（也叫爬虫协议、机器人协议等）的全称是"网络爬虫排除标准"（Robots Exclusion Protocol）。网站通过 Robots 协议告诉搜索引擎哪些页面可以抓取、哪些页面不能抓取（见图 12-8），例如：

- 淘宝网：https://www.taobao.com/robots.txt。
- 腾讯网：http://www.qq.com/robots.txt。

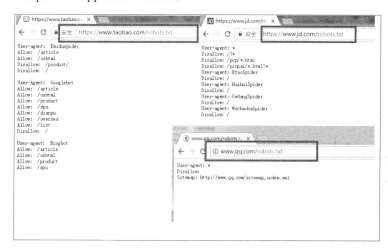

图 12-8　各大网站的 robots 协议

一般网站都会在自己的根目录中放上 robots.txt 文件，告诉爬虫哪些可以爬取、哪些不可以爬取，而且在编写的 Robots 协议中还会发现很有意思的现象，就是平台根据爬虫不同所开发的允许爬取的内容也不同。

聚集爬虫

通用搜索引擎大多提供基于关键字的检索，难以支持根据语义信息提出的查询，无法准确理解用户的具体需求。为了解决这个问题，聚焦爬虫出现了。

爬虫程序员写的针对某些内容的爬虫，比如面向主题爬虫、面向需求爬虫，会针对某些特定的内容去爬取信息，而且会保证信息和需求尽可能相关，这样的爬虫就是聚焦爬虫。

12.2　urllib模块

urllib 是 Python 中用来抓取网页的库，通过这个库可以实现一个简单的页面爬虫。

12.2.1　通过 request 实现一个简单的页面爬取

首先通过 import 完成引入，不需要单独安装，引入后通过 urlopen 方法完成请求。

```
import urllib.request
# 向指定的 url 地址发送请求，并返回服务器响应的类文件对象
response = urllib.request.urlopen("http://www.baidu.com/")
# 服务器返回的类文件对象支持 Python 文件对象的操作方法
# read()方法就是读取文件里的全部内容，返回字符串
html = response.read()
# 打印响应内容
print(html)
```

通过打印的内容可以看到获取到的百度首页 HTML 内容。为了检测网络请求，需要安装一个 Fildder 抓包工具。

12.2.2　Fildder 安装图解

 1 搜索并进行下载（见图 12-9）。

图 12-9　Fildder 搜索下载

2 傻瓜式安装（见图 12-10~图 12-13）。

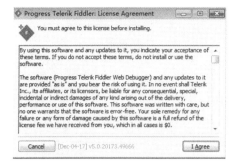

图 12-10　单击 I Agree 按钮

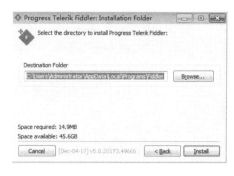

图 12-11　单击 Install 按钮

图 12-12　等待安装中

图 12-13　单击 Close 按钮完成安装

12.2.3　伪装成一个浏览器

通过 Fildder 工具可以帮助检测到请求，完整地看到请求头和请求体（见图 12-14）。

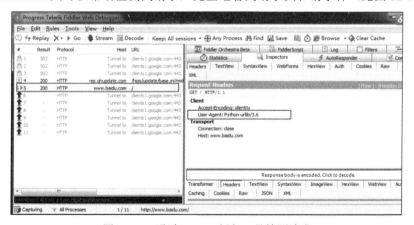

图 12-14　通过 Fildder 抓包工具检测请求

虽然已经拿到百度的首页了，但是目前出现了一个问题，就是当你使用 urllib 去访问的时候，它的 User-Agent 是 Python-urllib/3.6（user-agent 决定用户的浏览器）。需要稍微伪装一下，要不然第一步就会被反爬虫发现。

在 headers 中设置 User-Agent 浏览器信息，就可以伪装成一个浏览器了。

```
import urllib.request
# 设置 User-Agent 是爬虫和反爬虫的第一步
headers = {
    "User-Agent": "Mozilla/5.0 (Windows NT 10.0; Win64; x64)
AppleWebKit/537.36 (KHTML, like Gecko) Chrome/54.0.2840.99 Safari/537.36"
}
# 通过 urllib.request.Request() 方法构造一个请求对象
request = urllib.request.Request("http://www.baidu.com/", headers =
headers)
# 向指定的 url 地址发送请求，并返回服务器响应的类文件对象
# urllib.request.urlopen()参数既可以是字符串也可以是对象
response = urllib.request.urlopen(request)
# 服务器返回的类文件对象支持 Python 文件对象的操作方法
# read()方法就是读取文件里的全部内容，返回字符串
html = response.read()
# 打印响应内容
#print(html)
```

12.2.4 伪装成百度爬虫

User-Agent 是反爬虫人员的第一步，我们除了可以伪装成一个真实用户以外，还可以伪装成搜索引擎的爬虫，毕竟公司投放了广告，力争的 SEO 优化都是为了吸引百度爬虫爬取，可以排名靠前，反爬虫人员会针对这类爬虫有一个特殊放行的处理。

其实伪装只是设置 User-agent 达到伪装的效果，下面整理了一些常用的 User-Agent。

百度 UA

```
PC:
Mozilla/5.0(compatible;Baiduspider-render/2.0;http://www.baidu.com/searc
h/spider.html)
```

移动

```
Mozilla/5.0 (iPhone; CPU iPhone OS 9_1 like Mac OS X) AppleWebKit/601.1.46
(KHTML, like Gecko) Version/9.0 Mobile/13B143 Safari/601.1 (compatible;
Baiduspider-render/2.0; +http://www.baidu.com/search/spider.html)
```

360 搜索

```
Mozilla/5.0 (compatible; MSIE 9.0; Windows NT 6.1; Trident/5.0);
```

360 网站安全检测

```
360spider (http://webscan.360.cn)
```

Google

```
"Mozilla/5.0 (compatible; Googlebot/2.1; +http://www.google.com/bot.html)"
```

Google 图片搜索

```
"Googlebot-Image/1.0"
```

微软 bing，必应

```
"Mozilla/5.0 (compatible; bingbot/2.0; +http://www.bing.com/bingbot.htm)"
```

腾讯搜搜

```
"Sosospider+(+http://help.soso.com/webspider.htm) "
```

搜搜图片

```
"Sosoimagespider+(+http://help.soso.com/soso-image-spider.htm)"
```

雅虎英文

```
"Mozilla/5.0 (compatible; Yahoo! Slurp; http://help.yahoo.com/help/us/
ysearch/slurp)"
```

雅虎中国

```
"Mozilla/5.0 (compatible; Yahoo! Slurp China; http://misc.yahoo.com.cn/
help.html)"
```

搜狗

```
"Sogou web spider/4.0(+http://www.sogou.com/docs/help/webmasters.htm#07)"
```

12.2.5 设置代理服务器

很多网站的反爬虫机制，除了最简单的判断来源是否为一个浏览器以外，还会通过网站的流量进行分析。如果发现同一个 IP 在短时间内请求次数过多，或者频率太高，就会标记这个 IP 为恶意 IP，从而限制这个 IP 的访问，也有可能彻底加入黑名单（见图 12-15）。

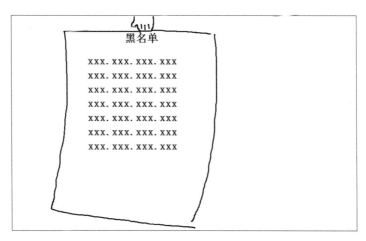

图 12-15　黑名单

　　使用代理服务器就可以避免封 IP 的问题。网上有一些免费的代理服务器，比如西刺免费代理、全网代理 IP。在里面选择一个 IP，但是不一定都可以使用，建议多尝试几个。

　　由于这种免费的代理服务器有很多人同时使用，并且非常不稳定，因此一般在企业开发的过程中公司会购买付费的私密代理，个人也可以进行购买，区别在于使用的人数上，设置的方法是一样的。

```python
from urllib import request
import random
#免费的代理列表
proxy_list = [
    {"http" : "124.88.67.54:80"},
    {"http" : "61.135.217.7:80"},
    {"http" : "42.231.165.132:8118"}
]
# 随机选择一个代理
proxy = random.choice(proxy_list)
# 使用选择的代理构建代理处理器对象
httpproxy_handler = request.ProxyHandler(proxy)
opener = request.build_opener(httpproxy_handler)
request = request.Request("http://www.baidu.com/")
response = opener.open(request)
print(response.read())
```

 上面代码中的代理列表为免费代理，后期如果不能使用再去选择免费代理替换上即可。

12.2.6 一幅图理解爬虫和反爬虫

爬虫的目的是爬取数据，而反爬虫就是不让机器爬取数据，但是一个网站上线后，只要真实正式用户可以看到的，爬虫就能爬下来，只有过程可能会稍微复杂一些（见图 12-6）。

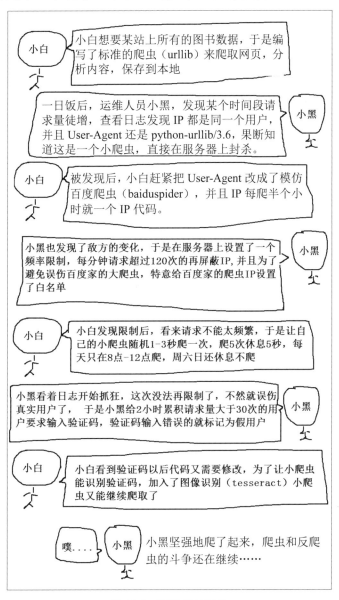

图 12-6 爬虫和反爬虫

12.3 爬虫实例

12.3.1 实例 1：爬取百度贴吧

1 分析 URL。

爬取一个网页很简单，只需要把要爬取的网页 URL 传入 urlopen 方法即可，但是一般网页数据太多时都会分页显示，这个时候上面的解决方式无法解决，先来分析一下 URL。

https://tieba.baidu.com/index.html 这个是百度贴吧的首页地址。

（1）我们先搜索一个贴吧，输入 jay 后观察 URL。

http://tieba.baidu.com/f?kw=jay。

（2）默认为第一页，单击下一页，再来观察 URL 变化。

http://tieba.baidu.com/f?kw=jay&pn=50。

（3）继续单击下一页，进入到第三页，继续分析 URL 变化。

http://tieba.baidu.com/f?kw=jay&pn=100。

如何让爬虫爬取第一页后自动继续爬取下一页一直到你设定的页码？在 URL 中 pn 每单击一次下一页增加 50，贴吧每一页中有 50 条数据，那么通过分析可知第一页 50 条、第二页 100 条、第三页 150 条，以此类推。

2 页面抓取。

```
from urllib import request,parse

kw=input("请输入爬取的贴吧名：")
beginpage=int(input("请输入起始页："))
endpage=int(input("请输入结束页："))

url="http://tieba.baidu.com/f?"
key=parse.urlencode({"kw":kw})
fullurl=url+key
for page in range(beginPage,endPage+1):
    pn = (page-1) * 50 #根据页码计算条数
    fullUrl = url +'&pn='+str(pn)
    headers = {"User_Agent" : "Mozilla/5.0 (Macintosh; Intel Mac OS X 10_11_0)
AppleWebKit/537.36 (KHTML, like Gecko) Chrome/63.0.3239.108 Safari/537.36"}
    req = request.Request(fullUrl,headers = headers);
```

```
    html=request.urlopen(req).read()
    print(html)
```

3　写入文件。

通过打印可以获得每页的 html 内容，接下来把内容保存到 html 中（需要用到文件写入功能）。

```
from urllib import request,parse

kw=input("请输入爬取的贴吧名：")
beginpage=int(input("请输入起始页："))
endpage=int(input("请输入结束页："))

url="http://tieba.baidu.com/f?"
key=parse.urlencode({"kw":kw})
fullurl=url+key
for page in range(beginPage,endPage+1):
    pn = (page-1) * 50 #根据页码计算条数
    fullUrl = url +'&pn='+str(pn)
    headers = {"User_Agent" : "Mozilla/5.0 (Macintosh; Intel Mac OS X 10_11_0)
AppleWebKit/537.36 (KHTML, like Gecko) Chrome/63.0.3239.108 Safari/537.36"}
    req = request.Request(fullUrl,headers = headers);
    html=request.urlopen(req).read()
    filename = "第" + str(page) +'页.html'
    with open(filename,'w',encoding='utf-8') as f:
        # 此时打印的 html 是伪 bytes 格式的，f.write()参数需要字符串
        f.write(html.decode(encoding='utf-8'))
    print ("写入成功! ")
```

4　完善代码。

针对上面的代码进行封装。

```
#!/usr/bin/python
#coding:utf-8
from urllib import request,parse

def loadPage(fullUrl,filename):
    """
        作用：根据 url 发送请求，获取服务器响应文件
        url：需要爬取的 url 地址
        filename : 处理的文件名
    """
```

```python
        print('正在下载' + filename)

        headers = {"User_Agent" : "Mozilla/5.0 (Macintosh; Intel Mac OS X 10_11_0)
AppleWebKit/537.36 (KHTML, like Gecko) Chrome/63.0.3239.108 Safari/537.36"}

        # 构造请求对象
        request1 = request.Request(fullUrl,headers = headers);
        return request.urlopen(request1).read()
    def wirtePage(html,filename):
        """
            作用:将 html 内容写入到本地
            html:服务器相应的文件内容
        """

        print('正在保存' + filename)

        #文件写入
        with open(filename,'w',encoding='utf-8') as f:
            # 此时打印的 html 是伪 bytes 格式的，f.write()参数需要字符串
            f.write(html.decode(encoding='utf-8'))

        print ('-' * 30)

    def tiebaSpider(url,beginPage,endPage):
        for page in range(beginPage,endPage+1):
            pn = (page-1) * 50
            filename = "第" + str(page) +'页.html'
            fullUrl  = url +'&pn='+str(pn)
            # 发起请求
            html = loadPage(fullUrl,filename)
            print(html)
            # 写网页
            wirtePage(html,filename)

    if __name__ == '__main__':
        kw = input('请输入爬取的贴吧名:')
        beginPage = int(input('请输入起始页:'))
        endPage = int(input('请输入结束页'))

        url = 'http://tieba.baidu.com/f?'
        key = parse.urlencode({"kw":kw})
        fullUrl = url + key
        tiebaSpider(fullUrl,beginPage,endPage)
```

12.3.2 实例 2：连接有道翻译

上一个百度贴吧的案例其实是通过 get 请求分析 url 参数完成文件读取的，除了 get 请求以外还有一个就是 post 请求。如果你要抓取的网站通过 post 进行数据的提交应该如何操作？先来看一下有道翻译的效果（见图 12-7）。

图 12-17　有道翻译效果图

使用有道进行翻译的时候，在左侧框内输入你要翻译的内容，在右侧框内会给出翻译结果，但是仔细观察 URL 并没有发现变化，其实这个地方使用的就是 post 提交，打开浏览器开发人员工具（F12），在对应的 Netswork 下看 XHR（XMLHttpRequest）来详细分析一下。

 1 分析 post 请求（见图 12-18）。

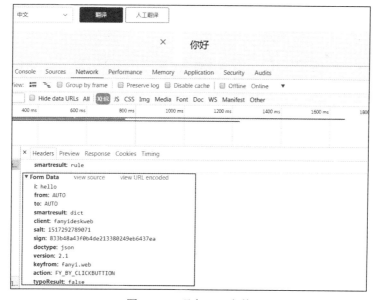

图 12-18　观察 post 参数

Form Data 下面存放着我们单击翻译按钮后发出请求带着的参数，这些参数并不会体现在 URL 中：有一些参数大概可以理解意思，比如 i 是要翻译的内容、翻译语言是自动识别、版本等；至于一些不太确定的意思，可以暂时不处理，直接按照这个地方监测到的传递过去。

2 找到要请求的 URL 地址。

爬虫想要爬取一个网页，直接复制地址栏中的地址即可，但是此处有道翻译的地址一直没有变化，通过监测找到真实请求的地址，通过开发人员工具（F12）或者抓包工具都可以看到。

一不小心发现了真实请求的地址（见图 12-19）。编写的小爬虫需要请求的地址就是这个了。

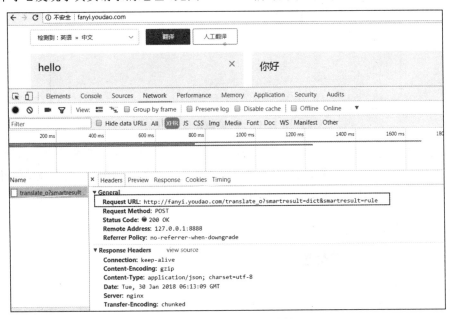

图 12-19　真实请求的地址

3 编写代码。

分析完地址和参数以后，就可以痛痛快快地编码了。步骤很简单，知道了要请求的地址和要传递的参数，只要组合在一起就大功告成了。

```
from urllib import request,parse

# 通过抓包方式获取的 url 并不是浏览器上显示的 url
url =
"http://fanyi.youdao.com/translate_o?smartresult=dict&smartresult=rule"
# 完整的 headers
headers = {
        "Accept" : "application/json, text/javascript, */*; q=0.01",
```

```
            "X-Requested-With" : "XMLHttpRequest",
            "User-Agent" : "Mozilla/5.0 (Windows NT 10.0; Win64; x64)
             AppleWebKit/537.36 (KHTML, like Gecko) Chrome/54.0.2840.99
             Safari/537.36",
            "Content-Type" : "application/x-www-form-urlencoded;
charset=UTF-8",
        }

    # 用户接口输入
    key = input("请输入需要翻译的文字:")

    # 发送到 web 服务器的表单数据
    formdata = {
    "from" : "AUTO",
    "to" : "AUTO",
    "smartresult" : "dict",
    "client" : "fanyideskweb",
    "type" : "AUTO",
    "i" : key,
    "doctype" : "json",
    "keyfrom" : "fanyi.web",
    "ue" : "UTF-8",
    "version":"2.1",
    "action" : "FY_BY_CLICKBUTTON",
    "typoResult" : "false"
    }

    # 经过 urlencode 转码
    data = parse.urlencode(formdata).encode('utf-8')
    print(data)

    # 如果 Request()方法里的 data 参数有值，那么这个请求就是 POST
    # 如果没有，就是 Get
    request1 = request.Request(url, data = data, headers = headers)

    print(request.urlopen(request1).read().decode('utf-8'))
```

12.3.3　实例 3：爬取豆瓣电影

有的网站数据是通过 ajax 异步加载的，如果还是单纯地请求 url，对获取到的静态页面内容进行分析，有可能会出现空的情况，页面上面没有任何内容。

网页中的内容通过 ajax 来加载，那么编写爬虫就需要关注数据来源的这个位置。ajax 加载的页面，数据源一定是 json。拿到 json 也就拿到了数据，只需要解析 json 就可以了。

 1 分析 ajax 请求源。

首先打开豆瓣电影的主页（https://movie.douban.com/，见图 2-20），打开开发人员工具（F12），找到 Network，可以看到页面刚刚载入就有几个请求，单击每个请求可以看到对应的请求报文和响应信息。

图 12-20　豆瓣主页第一次加载

单击第一个请求，可以看到右侧上面首先是 Request URL 请求地址，单击 Response（响应）可以看到返回了 tags（标签），也就是说页面上面所显示的电影分类的内容也是通过 ajax 动态读取加载的。

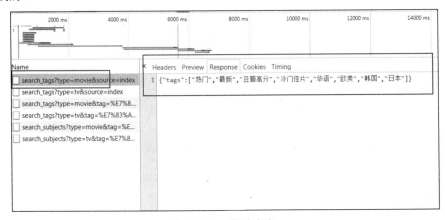

图 12-21　查看响应

　　了解了 ajax 请求的方式后，再来找一下我们所需要的电影数据。先随意单击一个类别（也可以按照图 12-22 上的编号单击，我们可能会看到一样的数据）。

　　在开发人员工具（F12）左侧的请求列表中找到关于具体电影的请求（见图 12-23）后，单击 Response，看一下响应的结果和页面上方的内容是否匹配。

图 12-22　找到需要爬取的内容

图 12-23　找到具体内容请求

　　发现这个正是我们所需要的数据，接着单击 Headers 看一下 Request Url，复制下来，在地址栏中粘贴并按回车键打开，是否看到有 json 数据（见图 12-24）出来？

图 12-24　返回的 json

总结一下，只要请求这个 URL 地址，就能得到这一堆 json，而 json 里面的内容正是所需要的电影数据，可以比对一下 json 和图 12-24 的内容，完全匹配！

2　分析请求地址中的参数含义。

先看一下上一步中得到的请求地址：

https://movie.douban.com/j/search_subjects?type=tv&tag=%E7%BE%8E%E5%89%A7&sort=recommend&page_limit=20&page_start=0

page_limit=20，试着修改一下这个值，再复制到地址栏中打开看一下有什么变化。当把数字变大的时候，返回的 json 内容也跟着变多，而 page_start 从单词的意思就可以明白是起始的页数，当需要小爬虫抓取多页数据的时候会用到。

3　开始码代码。

```
#!/usr/bin/env python
# -*- coding:utf-8 -*-

from urllib import request, parse
url = "https://movie.douban.com/j/chart/top_list?type=11&interval_id=
100%3A90&action"
headers = {"User-Agent" : "Mozilla/5.0 (Windows NT 10.0; Win64; x64)
```

```
AppleWebKit/537.36 (KHTML, like Gecko) Chrome/54.0.2840.99 Safari/537.36"}

    formdata = {
            "start":"0",
            "limit":"20"
        }
    data = parse.urlencode(formdata).encode('utf-8')
    request1 = request.Request(url, data = data, headers = headers)
    print(request.urlopen(request1).read().decode('utf-8'))
```

12.4　小结

　　爬虫实际应用非常广泛，也有对应的招聘岗位。爬虫的提升在于爬虫的效果和性能（怎么让你的爬虫比其他人的爬虫爬得要快、要稳定），当然如何躲避反爬虫也是后续需要关注的重点。爬虫爬取流程分为数据爬取→数据清洗→数据分析。本章内容主要介绍的是数据爬取，数据清洗可以利用正则表达式、XPath、bs4 库等多种方式完成，感兴趣的读者可以查阅相关资料。

结　束　语

恭喜你终于翻到最后一页了，此时此刻的心情如何呢？

终于看完了

　　"终于看完了！"哈哈哈，这本书已经结束，但是编程的路还在继续，最后请在一下面写下读完本书的收获（你获得了什么，学会了什么），就像读后感一样。